GitHub
ポケットリファレンス

澤田泰治・小林貴也―著

技術評論社

▶▶ 本書の使い方 ◀◀

本書は「Part 1　GitHubの基本」と「Part 2　GitHub実践編」で2つのパートがあります。このうちPart 2の各項目は、タイトル・本文・実行例で構成されています。

▶ タイトル

❶カテゴリを示します。
❷コマンドラインで実行、ブラウザ上で実行するかを示します。
❸項目のタイトルを示します。

▶ 実行例

解説の後にコマンドラインで実行する例と、Web（ブラウザ上）で実行する例を示しています。

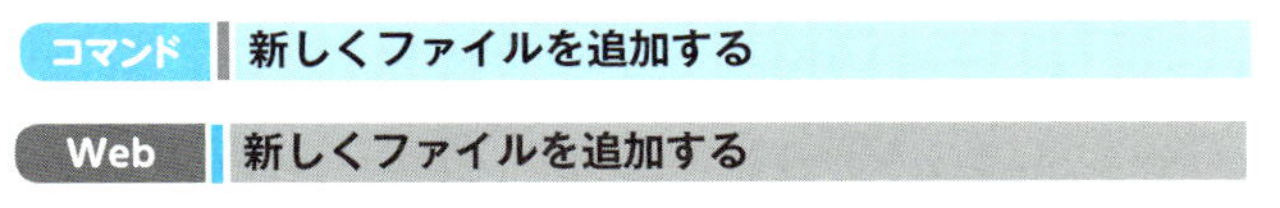

コマンドラインで実行する場合は、入力する個所を太字で示しています。

```
$ git status
On branch master
nothing to commit, working directory clean
```

Webで実行する場合はその画面と操作を行う該当個所を示しています。

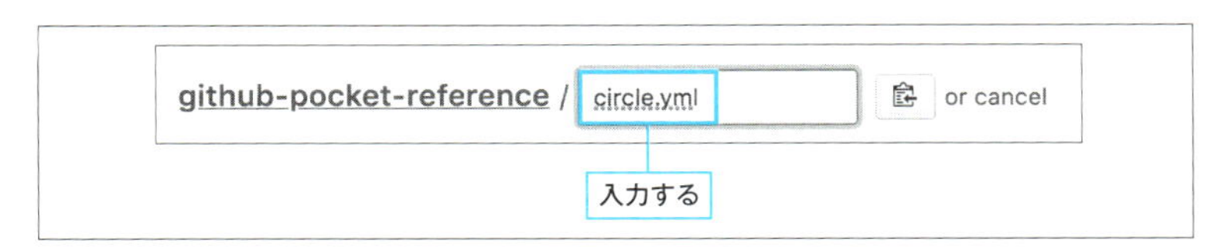

はじめに

GitHubはソースコードを介してコミュニケーションをとる世界最大級のSNSで、いまや開発者やコミュニティにとって必要不可欠なものとなりました。GitHubにいけばいろんなコードが見つかったり、世界中で活躍している開発者のコードを見て勉強し、交流し、コントリビュートもできる、そんな素晴らしい世界がGitHubを中心に実現されています。

本書では、導入から実際にオープンソースのプロジェクトや、企業、チームで活用していく上で必要不可欠な動作をわかりやすく丁寧に解説しました。筆者自身、登録した当初はGitの扱いもおぼつかない田舎の学生で、数年後には北欧のスタートアップが公開しているライブラリに自分のパッチが取り込まれたり、自分が公開しているライブラリに北米やアジア、ヨーロッパの各地からバグ報告やパッチが送られてくるようになるとは夢にも思っていませんでした。現代において、テクノロジーに関わりのある人間にとってGitHubを使いこなせることは最低限のスキルといってもよいかもしれません。本書で初めてGitHubを使い始めるという方や、開発者を目指している方など、この本が多くの方に届き、GitHubを活用していく一助になればこの上なく嬉しく思います。

2018年8月

本書は当初の計画よりも遅れようやく出版まで至ることができましたが、これも長期間に渡ってサポート頂いた技術評論社の春原正彦さんのおかげです、本当にありがとうございました。また、執筆していることをいつも気にかけてくれた友人達、質問にアドバイスを頂いた株式会社FOLIOの皆様、また本書を書き始めるにあたって機会を紹介くださいました前職先輩の三島木一磨さん、心より感謝申し上げます。ありがとうございました。

澤田 泰治

本書が皆さんのお手元に届くまでにたくさんの方々にお世話になりました。特に、最初期にGit/GitHubを優しくレクチャーしてくださったasonasさん、あなたが根気強く説明してくださらなかったらこの本を書くことはなかったでしょう。あのリポジトリは私の宝物です。最後に、気の緩みがちだった私を叱咤激励し続けてくれた妻、有希代にこの場を借りて最大級の感謝を捧げます。

小林 貴也

目次

Part 2 ◂◂ GitHub実践編

グループでの利用 168

公開 181

検索 194

通知 221

外部サービス連携 229

ご購入／ご利用の前に必ずお読みください

本書は2018年8月現在の情報をもとに執筆しています。本書発行後に想定されるバージョンアップなどによって、内容などが異なる場合があります。あらかじめご了承ください。本書に記載されている内容を実行した結果、万が一、直接的、間接的損害が生じても、技術評論社および著者は一切の責任を負いません。

登録商標について

- 「GitHub」は、GitHub Inc.の商標または登録商標です。
- 「Windows」は、Microsoft Corporationの米国およびその他の国における商標または登録商標です。
- 「macOS」は、Apple Inc.の商標です。
- その他、記載された会社名および製品名などは、それぞれ各社の商標または登録商標です。

Part 1

GitHubの基本

本Partでは、GitHubを使う前に知っておきたい基本知識や、GitHubを使うための環境構築などについて解説します。

Gitの基本知識

現代のシステム開発において、バージョン管理システムは、なくてはならないものになっています。その中でも、GitやGitHubは開発における定番のツールとしてよく使用されています。
本節では、Gitの基本について解説していきます。

Gitとは

バージョン管理システムとは

Gitはファイルやプログラムのバージョン管理を行うためのシステムです。バージョン管理システムとは、ファイル内容の変更履歴を管理し、変更がいつ入ったのかなどを管理するシステムです。バージョン管理システムを導入することによって、変更の履歴が保存され、過去の特定の状態へ簡単に戻ることができるようになります。

バージョン管理システムには、CVS（http://www.nongnu.org/cvs/）やSubversion（https://subversion.apache.org/）など、Gitの登場以前から広く使われてきたツールがあります。しかし現在では、特に新しく開発がスタートしたプロジェクトの場合、Gitがより一般的に使用されています。

Git誕生の背景

GitはLinuxカーネル開発のためのバージョン管理を行うため、Linuxカーネルの開発者として著名なLinus Torvalds氏によって開発されました。

当時Linuxカーネル開発では、商用のバージョン管理システムであるBitKeeper（http://www.bitkeeper.org/）が使用されていました。

BitKeeperは有償ソフトウェアでしたが、Linuxカーネルの開発で使用する場合は無償で提供されていました。しかし、2005年にBitKeeperの提供元企業が無償版を提供しないことを発表したため、別のバージョン管理ツールへの移行を迫られることになります。そこでLinus氏はBitKeeperの代わりとしてGitを開発しました。

現在ではGitはLinus氏の手を離れ、Jun C Hamano氏をメインメンテナとして現在も精力的にアップデートがされています。

バージョン管理システムの種類

バージョン管理システムとは、管理下のファイルについて誰がいつ変更したかなどの履歴(バージョン)を管理し、必要であればそれぞれの時点の状態に復元するシステムのことです。

バージョン管理システムの中でもアーキテクチャに応じて、中央集権型バージョン管理システムと分散型バージョン管理システムの2パターンに分けられ、それぞれに特徴があります。

中央集権型バージョン管理システム

Git以前から存在したCVS、Subversionなどのバージョン管理システムは、中央集権型バージョン管理システムです。

中央集権型バージョン管理システムでは、履歴情報を持ったリポジトリを保持する中央サーバーが存在します。ファイルに変更があった場合は、各開発者がその中央サーバーにその変更を送信し、それを中央サーバーで管理します。つまり、変更を反映するには、常に中央サーバーと通信できる環境である必要があります。

▼ 中央集権型バージョン管理システム

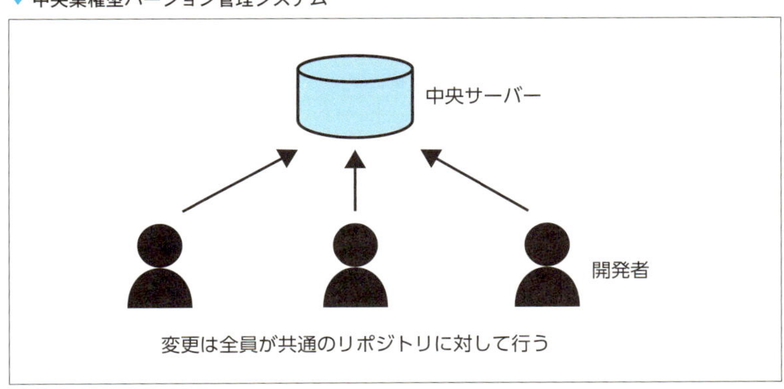

分散型バージョン管理システム

一方、1つのリポジトリを中央のサーバーで管理する中央集権型バージョン管理システムと異なり、ローカルにリポジトリを保持するのが分散管理型バージョン管理システムの大きな特徴です。

分散管理型バージョン管理システムでは、各開発者のローカル環境にリポジトリの完全なコピーを作成します。

開発者はローカルにあるリポジトリに対して変更を加え、変更履歴を追加します。自分が加えた変更履歴を他の開発者と共有する際は、ローカルにあるリポジトリの差分を中央サーバーを介してやりとりすることで、変更の共有を行うことができます。

Git は Linux カーネル開発のために開発されたという背景を持つことから、大規模かつ世界中の開発者たちが参加するプロジェクトでも使用できるように作られています。

場所などを選ばず、世界中から送られてくる変更も、混乱がなくすぐ確認することができるようになっているなど、分散型を採用したことの大きなメリットと言えるでしょう。

▼ 分散型バージョン管理システム

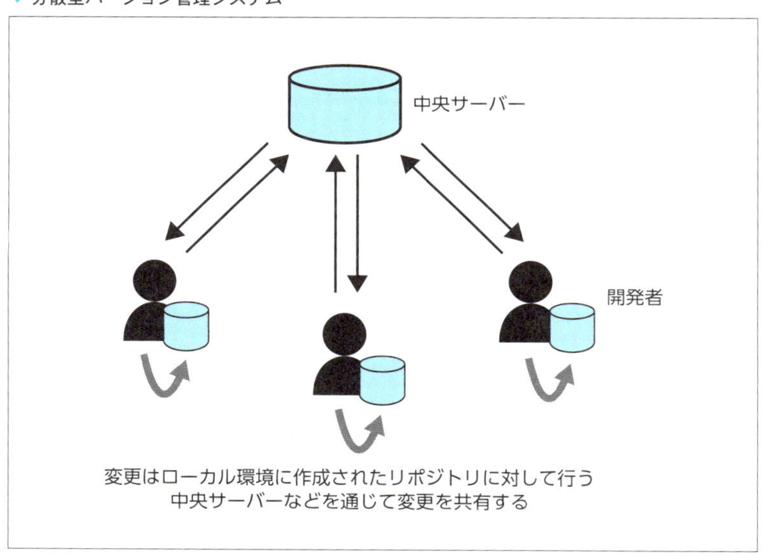

Git の特徴

Gitの大きな特徴としては、以下の3つが挙げられます。

- ネットワークに接続していなくても作業ができる
- 履歴を保存する前にStaging(ステージング)を行う
- 他のユーザーと柔軟なやり取りができる

バージョン管理ツールを導入することによって、ファイル変更履歴の管理が可能になり、過去の状態などへ容易に復元できるようになります。

▶ネットワークに接続していなくても作業ができる

前に述べましたが、Gitは分散管理を前提としたバージョン管理ツールです。そのため常に中央サーバーと接続している必要はありません。例えば、電車での移動中や、ネットワークに繋がっていない状態でもブランチを作成し、自身のマシン上で作業を進めることができます。

中央集権型のバージョン管理ツールの場合は、履歴を保存する際に中央にあるサーバーとやり取りを行う必要があるため、状況を選ばず作業できる点は分散管理のメリットと言えます。

▶履歴を保存する前にステージングを行う

Gitでは、変更履歴の単位をCommit(コミット)と呼びます。このCommitを積み重ねることにより変更履歴を記録していきます。

Commitを作成する際は、Staging(ステージング)と呼ばれる作業を行います。Stagingとは、1つのCommitにまとめる変更の準備のことです。Stagingを行うことで、複数のファイルにまたがる変更も1つにまとめて、意味を持つ変更として履歴を保存することができます。

1つのファイル内に複数の変更がある場合も、一部のみStagingすることで、履歴を管理する単位を細やかに設定することが可能です。最初は無駄なように思えるかもしれませんが、変更の単位を意味を持つものにすることで、バグが発見された場合に切り戻しが容易となり、どの時点からバグが入ったのかを確かめやすくなります。

GitやGitHubは、プログラマのためだけのツールではありません。バイナリ形式のファイル管理は不得意と言えますが、ドキュメントや画像ファイルなどの管理も可能です。また、現在では、バイナリ形式のファイルも管理しやすくしたGit LFSなどの周辺ツールもGitHubが提供しています。

▶他のユーザーと柔軟なやり取りができる

Gitは既にOSS(オープンソースソフトウェア)開発の共通言語となりつつあります。Gitを使ったコラボレーションツールであるGitHubでは、PythonやNode.jsといった広く使用されているプログラミング言語のコンパイラなどがホスティングもされており、自由にソースを見て修正を加え、Pull Request(プルリクエスト)という形で自分が加えた修正を加えてもらうようにリクエストを送ることが可能です。

Pull Requestによる変更のリクエストを送るのが一般的になったことで、メーリングリスト上でパッチファイルのやり取りを行うよりも容易に、変更のリクエストを送ることが可能となり、OSSの参加がよりオープンになりました。

また、プロジェクトに馴染みのない人でも変更などが追いやすくなり、OSSへの参加の敷居が低くなっています。

GitHubの基本知識

GitHubはどういったサービスで、GitとGitHubはどういった関係なのでしょうか。本節ではGitHubについて説明し、GitとGitHubの関係について紹介します。

GitHubとは

Gitが分散型バージョン管理システムであることは、OSSプロジェクトなどでは、開発者それぞれで変更を加えることができるなどのメリットがあります。ただし、非常に多くの人たちが参加するプロジェクトでは、複数人でGitを使って履歴管理を行っていると、リポジトリの管理などが複雑になってきます。

複数人でGitリポジトリを管理する際の負担を減らし、コラボレーション機能を補うように、文字通りGitのHubとなるWebサービスとして生まれたのがGitHubです。

GitHubを共有リポジトリとして使用することにより、ローカルで加えた変更を共有リポジトリに反映(Push)し、他のユーザーはそのようにして加えられた変更を手元に反映(Pull)することで容易に履歴の共有が可能となりました。

GitHubの登場により、現在ではさまざまなOSSプロジェクトがGitHub上でソースコードをホスティングされるようになりました。

OSSプロジェクトといえば、メーリングリスト上でパッチを共有することでやり取りされていましたが、そこからGitHub上でプロジェクトの変更履歴が管理され、議論などもGitHub上で行われることにより開発における透明性が増して、よりオープンになったように思います。

GitHubではリポジトリの管理だけではなく、WikiやIssue、Project boardといったタスク管理のためのツールも提供されています。Redmineのような他のタスク管理やプロジェクト管理ツールを使わずとも、簡単なプロジェクト管理はGitHub上で簡単に行うことが可能です。

GitHubの歴史

GitHubは2007年10月からβ版が公開され、2008年4月に一般公開されました。Tom Preston-Werner、Chris Wanstrath、PJ Hyett氏により設立されたGitHub社が現在運営を行っています。

2011年からはエンタープライズ向けサービスである、GitHub Enterpriseの公開も始まりました。GitHub Enterpriseでは、GitHubで提供されている機能をオンプレミス環境でホスティングを行うことが可能となります。このため、コンプライアンス要件が厳しいエンタープライズ向け環境でも、社外のサーバーに重要なコードを預けず自社の環境でGitHubサーバーのホスティングを行い管理を行うことが可能となっています。日本でもYahoo! Japan、クックパッド、GREE、CyberAgentといったIT企業でGitHub Enterpriseが利用されているようです。

2015年には、GitHubの日本支社である「ギットハブ・ジャパン合同会社」が設立され、日本の法人向けのサポート強化などが進められています。

教育機関や政府の間での利用事例も増えています。例えば、GitHub Educationというプログラムでは、学生や教育機関向けにアカデミックライセンスを提供しています。これは13歳以上の学生であれば、有料アカウントの一部無料化やその他開発ツールの無料利用などの特典を利用することができるというプログラムです。

GitHub and Governmentでは政府や自治体での利用事例が紹介されています。各国政府や自治体などで行政情報をオープンにするオープンデータの取り組みの手段の一つとして、情報共有の方法としてGitHubが利用されており、世界のみならず日本でも利用事例が増えています。

▼ GitHub Educationの画面

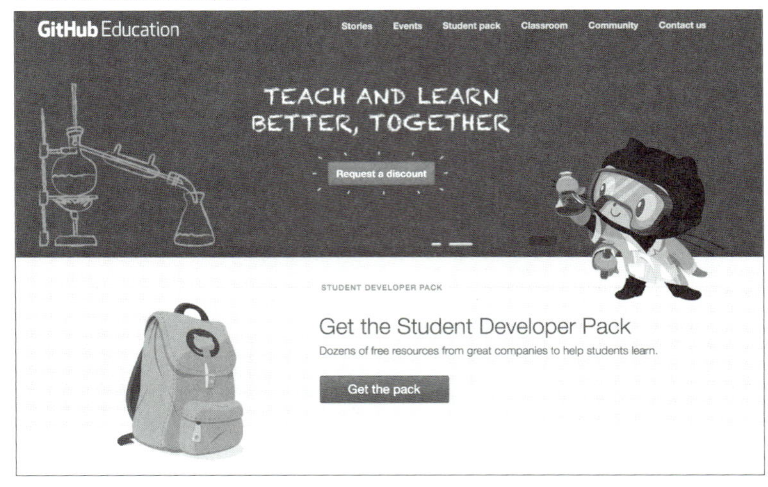

▼ GitHub and Governmentの画面

GitHub and Government

Who's using GitHub　Peer Group　Contact

Government like you've never imagined.

Collaborate on code, data, or policy, within your organization or with the public.

利用するユーザー数は年々増え続け、2018年現在では約2,800万人のユーザーに利用され、3,100万ものリポジトリがGitHub上で管理されています。また2018年にはMicrosoftによるGitHub社の買収も発表されました。

GitHubの特徴

GitHubを使うことで、複数人でのGitを使用したコラボレーションが容易となります。GitにはないGitHubの特徴的な機能として、Fork、Pull Requestがあります。

GitHubでホスティングされているリポジトリには、編集を加えられる権利(コミット権)が設定され、コミット権のないリポジトリに対しては履歴に変更を加えることができません。例えば自分が作成したリポジトリに関してはコミット権が与えられますが、他人のリポジトリの場合は共同作業者(コラボレーター)として設定されない限りコミット権は与えられません。

コミット権がない場合、そのリポジトリに変更を直接は加えられませんが、Forkを行い、リポジトリのコピーを自分の管理下に配置することで、自分が作成したリポジトリと同じように履歴に変更を加えていくことが可能となります。あるプログラムをベースに、独自の変更を加えてみたいといった場合でも、Forkを行うことで独自の変更を自由に加えることができ、行いたい変更を試すことができます。

Forkして変更を加えたとしても、自分がコピーしてきたものに変更が加えられただけで、多くのユーザーが参照するコピー元のリポジトリに変更は反映されません。加えた変更をコピー元のリポジトリに反映してもらうため、Forkを行った元のリポジトリに対して反映のリクエストを行うことができます。このリクエストを、Pull Requestと呼びます。

Pull Requestを行う場合は、どういった変更を加えたかやどういった目的でその変更を加えたかなどをその変更と共に送り、コミット権を持つユーザが内容のレビューを行い、問題ない場合はFork元にMergeされます。

例えばGitHubでホスティングされているプロジェクトに参加する場合、以下のような流れで参加することができます。

①興味のあるプロジェクトをForkする
②自分の目的に合わせてプロジェクトに変更を加える
③ Fork元に対して、自分の加えた変更とその説明をPull Requestとして送る
④ 変更がレビューされてMergeされる

GitHubを使うことの利点

GitHubを使うことで他人とのプログラム上でのコラボレーションを容易に実現できるようになり、有名なOSSプロジェクトもGitHub上で管理されるようになりました。いまやGitHubにアクセスすると有名なプロジェクトのコードも簡単に見ることができます。GitHubが開発者達のプログラムを公開する共通の場所となることで、大きなプロジェクトから個人のプロジェクトのような小さなものまで誰もがアクセスできるオープンな場所となりました。

GitHubでプログラムの履歴管理を行えるだけでなく、作成したプログラムの配布も容易になりました。簡単なWebページのホスティングも行うことが可能で、プログラムの配布ページや、個人のブログをGitHub上で管理されている人もいます。

GitHubの活動状況も容易に見ることができるようになり、どれほど活発にプログラミングを行ってきているか、どういったプロジェクトに参加してきたか、どういった経験があるかなどの経歴もGitHubから見ることができます。GitHub上での活動情報を採用時の資料として使用する企業や、査定時の資料として使用する企業もあるようです。開発者側としては、GitHubへのOSSプロジェクトの公開やGitHub上で著名なプロジェクトに参加することで、そういった活動をGitHub上に表示することができるため、開発者のポートフォリオとしても利用されています。

オープンであり差分も管理できることから、会社の就業規則を公開されている会社や、個人の履歴書をGitHubで管理されている方もいるなどGitHubの利用の仕方も広がりを見せています。

GitHub を使う前の準備

ここでは、GitHubを利用するためのユーザー登録や環境構築、簡単なGitの使い方などについて解説します。

GitHub へのサインアップ

それでは、GitHubにサインアップしてアカウントを作成していきましょう。

▶アカウントの登録

まずブラウザからGitHub(https://github.co.jp/)にアクセスし、「GitHubに登録する」をクリックして登録ページに進みます。

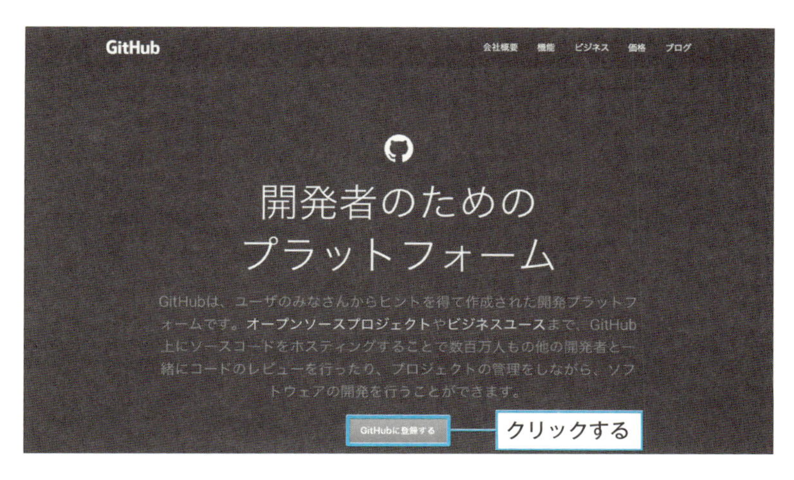

登録画面は英語で表示されます。以下の3つの項目を入力し、完了したら「Create an account」をクリックします。

- Username(ユーザー名)
- Email address(メールアドレス)
- Password(パスワード)

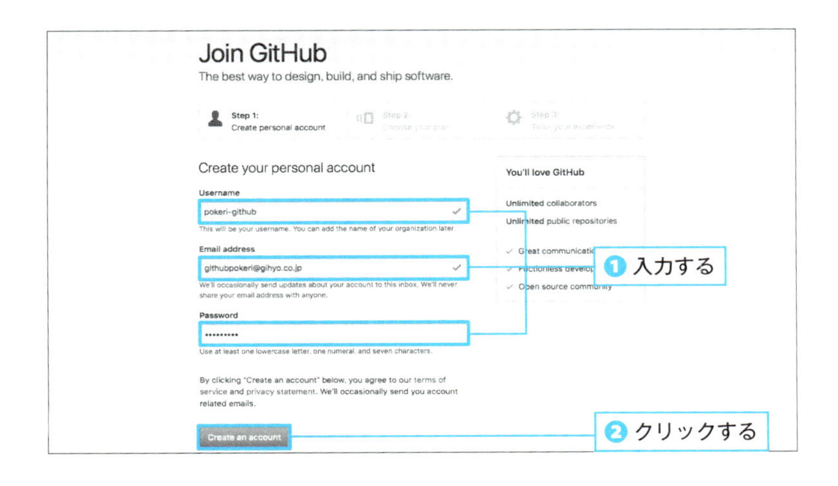

▶ プランの選択

次に利用するプランの選択を行います。

GitHubでは、無料プランと有料プランが用意されています。有料プランに加入すると、プライベートリポジトリの作成が可能になります。

以前は有料プランの種類によって、作成可能なプライベートリポジトリの数に違いがありましたが、現在は個人向けの有料プランが1種類に統合され、作成することができるプライベートリポジトリの数が無制限となりました。

2018年8月現在、GitHubの有料プランは、個人用プランの「Developer」と組織やチーム用プランの「Team」、「Business Cloud」の他、オンプレミス環境での利用が可能な「Enterprise」の4種類があります。

プラン	料金
Developer	月7ドル
Team	ユーザー1人あたり月9ドル(5名まで月25ドルで利用可能)
Business Cloud	ユーザー1人あたり月21ドル。SAML機能などが利用可能
Enterprise	ユーザー1人あたり月21ドル。最低利用ユーザー10名より利用可能

ここでは無料プランを選択しますので、「Unlimited public repositories for free.」を選択し、「Continue」をクリックします。

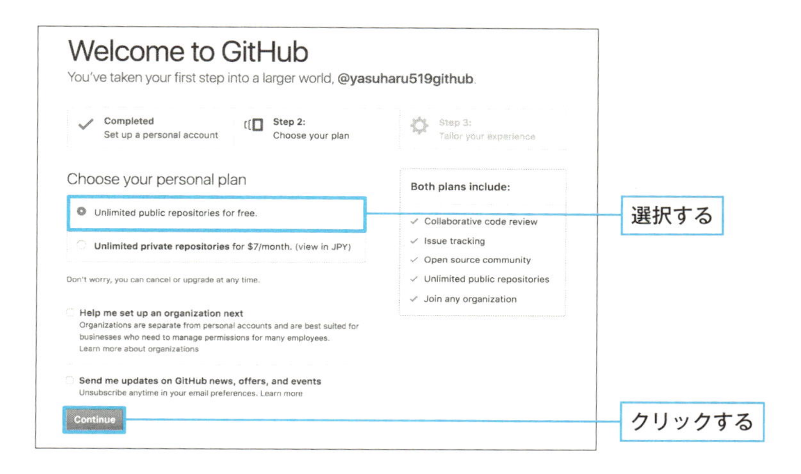

プランを選択すると、GitHubからのアンケートが表示されます。必ずしも回答する必要はありません。回答しない場合は「Submit」を選択してください。

GitHubの初期画面

アカウントの作成が完了すると、GitHubのダッシュボードページに移動します。ダッシュボード画面では、以下の情報を確認できます。

- タイムライン
- 自分のリポジトリ情報

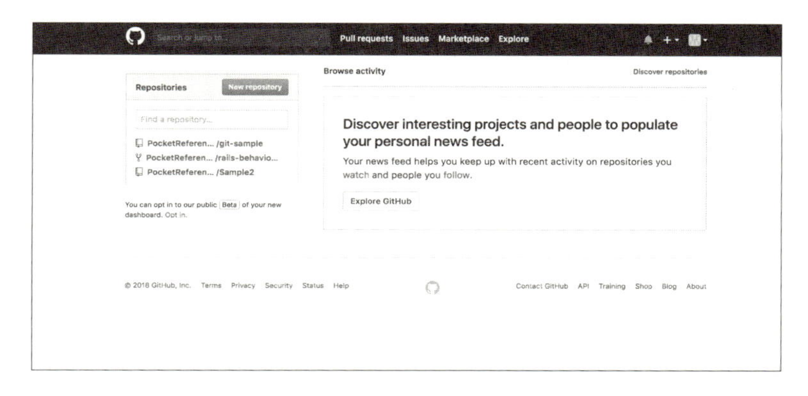

左のカラムには、自分と関わりのあるリポジトリ一覧が表示されます。最初はどのレポジトリにも参加していないので「You don't have any repositories yet!」と表示されています。

右のカラムにはタイムラインが表示されます。ここでは、以下のような情報が表示されます。

- 自分がフォローしているユーザーが、リポジトリにStarを付けた
- リポジトリを作成した場合、新しくCommitを追加した

Git クライアントのセットアップ

GitHub上でもGitに関わる作業を行うことができますが、Gitクライアントを使用して、GitHubと連携して使用することが一般的です。

現在ではGUIクライアントも充実し、以前より簡単に利用できるようになっています。主なものとして、GitHub社のGitHub Desktopや、Atlassian社のSourceTreeなどがあります。本書では、GitHub Desktopのインストール方法について説明します。

▶ GitHub Desktopのインストール(Windows)

GitHub Desktop(https://desktop.github.com)のWebページにアクセスし、「Download for Windows(xxbit)」をクリックすると、GitHubDesktopSetup.exeというファイルのダウンロードが開始します。

● インストーラの実行

ダウンロードしたGitHubDesktopSetup.exeをダブルクリックします。P.12でGitHubのアカウントを作成した場合は、「Sign into GitHub.com」を選択します。

● サインインの実行

以下の情報を入力し、「Sign in」をクリックします。

- Username or email address（アカウントもしくは登録メールアドレス）
- Password（パスワード）

無事ログインできるとConfigure Git画面になりますので、確認して「Continue」をクリックします。

「Make GitHub Desktop better!」画面が出たら「Finish」をクリックしてください。

デスクトップには「GitHub Desktop」のアイコンができています。

▶ GitHub Desktopのインストール(macOS)

GitHub Desktop(https://desktop.github.com)のWebページにアクセスし、「Download for macOS」をクリックすると、GitHub Desktopというファイルのダウンロードが開始します。

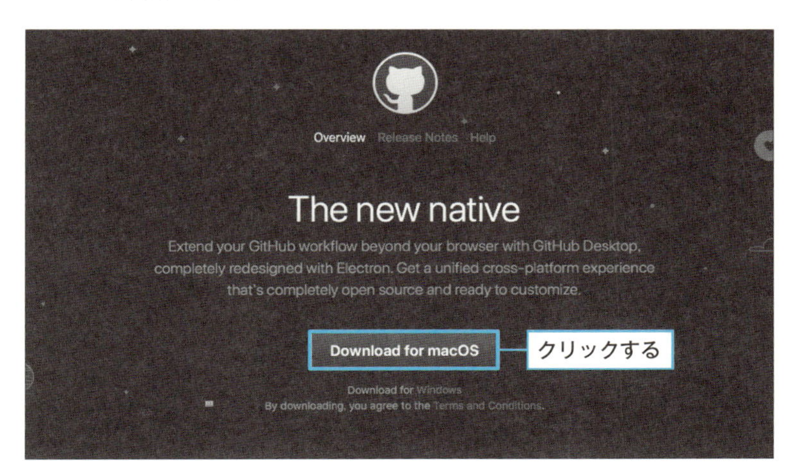

● ダウンロードファイルの実行

ダウンロードしたファイルをダブルクリックすると、確認のためのポップアップが出ますので、「開く」をクリックします。

P.12でGitHubのアカウントを作成した場合は、「Sign into GitHub.com」を選択します。

● サインインの実行

以下の情報を入力し、「Sign in」をクリックします。

- Username or email address（アカウントもしくは登録メールアドレス）
- Password（パスワード）

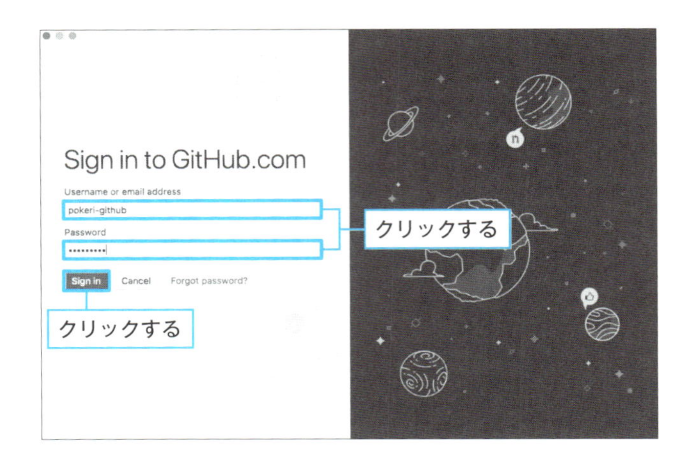

無事ログインできるとConfigure Git画面になりますので、確認して「Continue」をクリックします。

「Make GitHub Desktop better!」画面が出たら「Finish」をクリックしてください。

▶ CUIクライアントのインストール(Windows)

WindowsでCUIコマンドをインストールすることで、Gitをコマンドラインから実行可能になります。ここではGit for Windowsについて紹介します。Git for Windows(https://gitforwindows.org/)のWebページにアクセスし、「Download」をクリックすると、インストーラのダウンロードが開始されます。

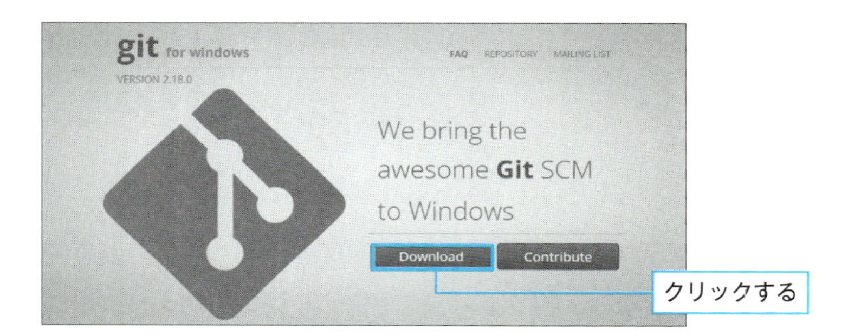

● ダウンロードしたファイルの実行

ダウンロードしたファイルをダブルクリックするとインストーラが開始されます。ユーザーアカウント制御画面が出た場合は、「はい」をクリックしてください。

● インストールと初期設定

ライセンス同意画面が表示されますので、内容を確認し「Next」をクリックします。

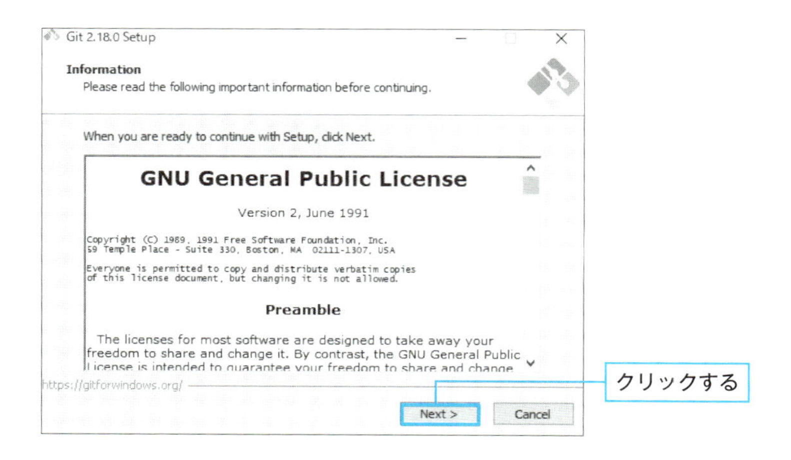

インストール先のディレクトリを聞かれますので、変更する場合はディレクトリを変更しましょう。基本的には初期設定のままで問題ありません。変更が完了したら「Next」をクリックします。

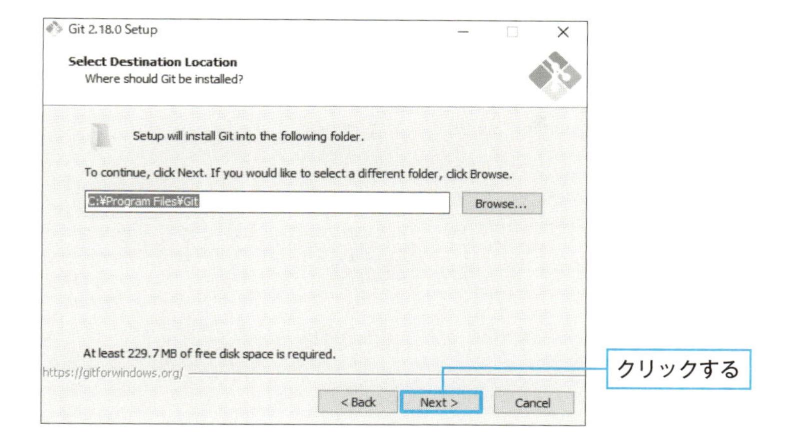

インストール時のオプション選択画面になります。初期設定のまま「Next」をクリックします。

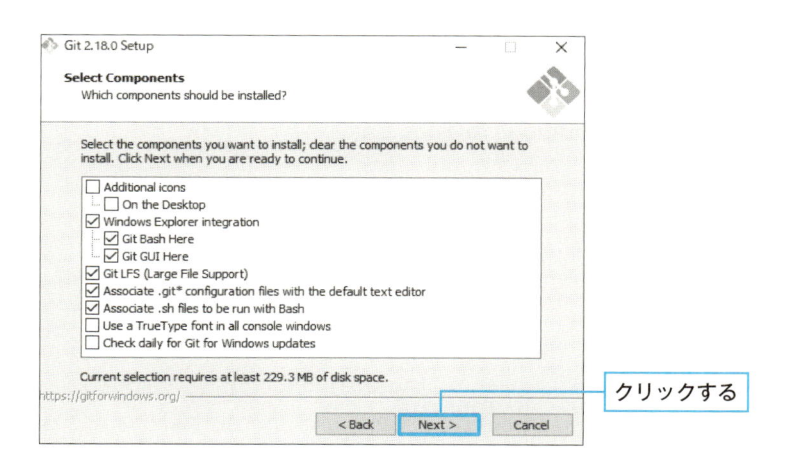

スタートメニューのフォルダ名選択画面になります。基本的にはこのまま「Next」をクリックします。

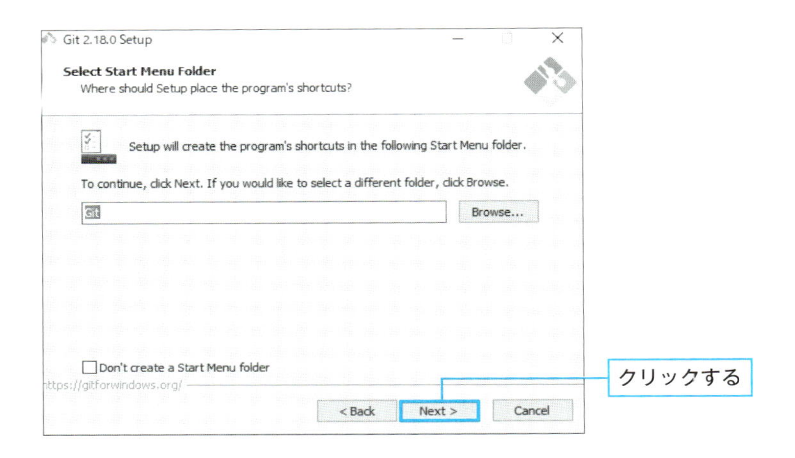

Gitで使用するエディタの選択画面となります。変更する場合はプルダウンメニューから変更を行った上で「Next」をクリックします。エディタの設定はあとから変更することもできます。

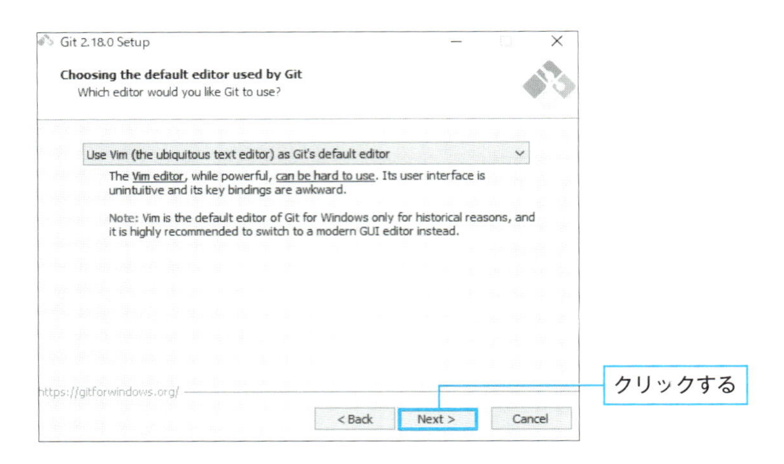

環境変数の設定画面となります。WindowsのコマンドプロンプトからGitを実行する場合は「Use Git from the WIndows Command Prompt」を選択します。「Use Git from Git Bash only」を選択すると、Git BashとアプリケーションからのみGitが実行可能になります。基本的にはこのオプションで利用するのがおすすめです。

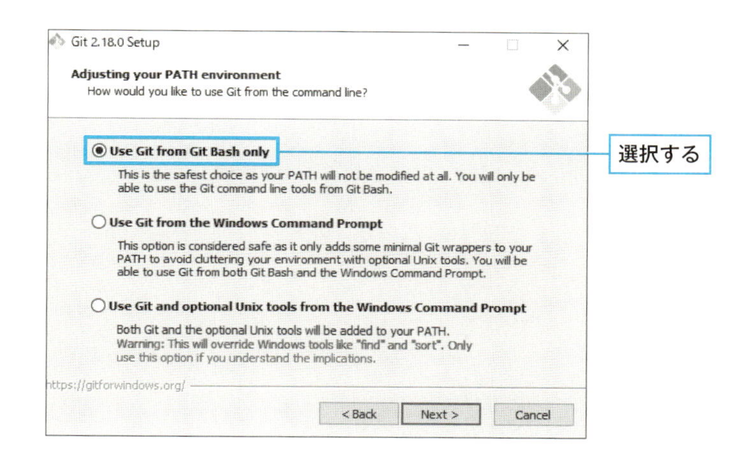

SSL/TLSのライブラリ選択画面となります。基本的には「Use the OpenSSL library」をチェックしておけば問題ありません。「Next」をクリックします。

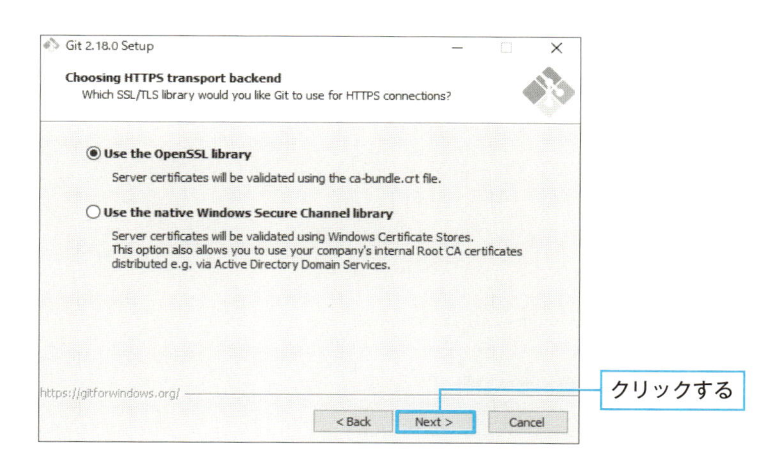

Windowsでの改行の取扱いについての設定画面となります。LinuxとWindowsで改行コードが異なるため、その際の改行の扱いに関する設定です。各設定の意味は以下のとおりです。

選択肢	説明
Checkout Windows-style, commit Unix-style line endings	チェックアウトではLFをCRLFに変換する、CommitではCRLFをLFに変換する

Checkout as-is, commit Unix-style line endings	Check outでは変換しない、CommitではCRLFをLFに変換する
Checkout as-is, commit as-is	Check out、Commitとも改行コードを変換しない

「Checkout as-is, commit as-is」の設定をおすすめします。チェックをして「Next」を選択します。

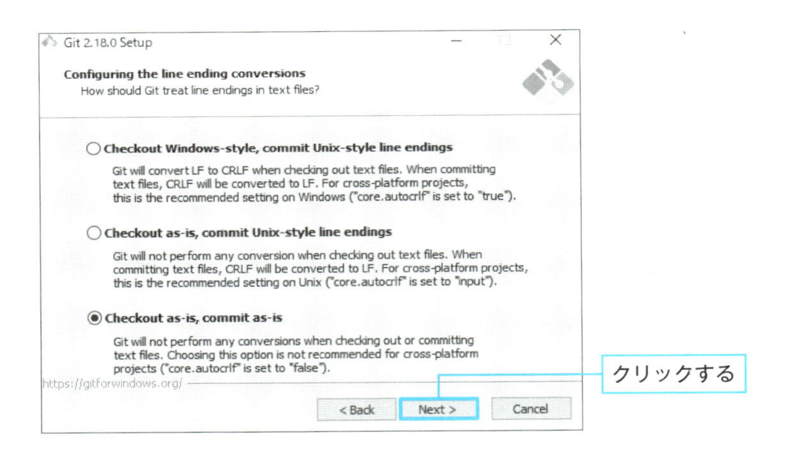

「Use MinTTy (the default terminal of MSYS2)」を選択して、「Next」をクリックします。

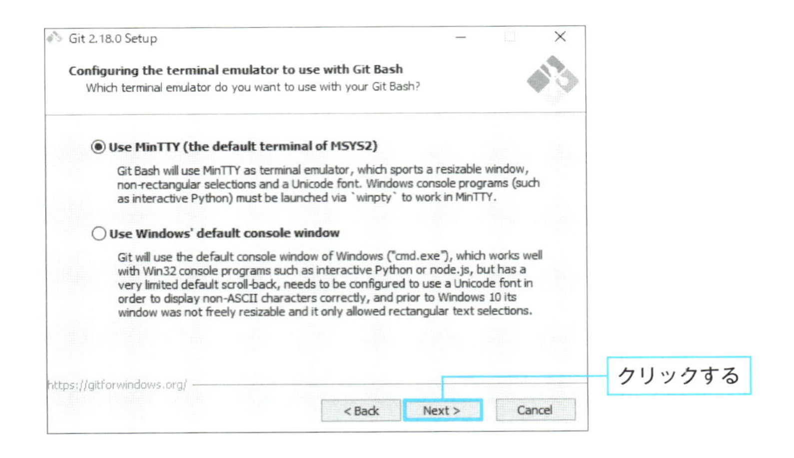

デフォルト設定のままにして「Next」をクリックするとインストールが開始します。

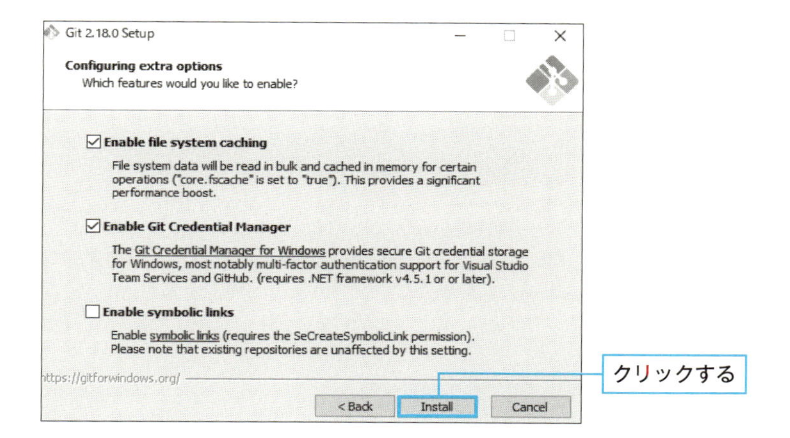

以下の画面が出ればGitクライアントの設定は完了です。「Launch Git Bash」にチェックを入れて「Finish」をクリックすることでGit Bashが立ち上がり、gitコマンドが使用可能になります。

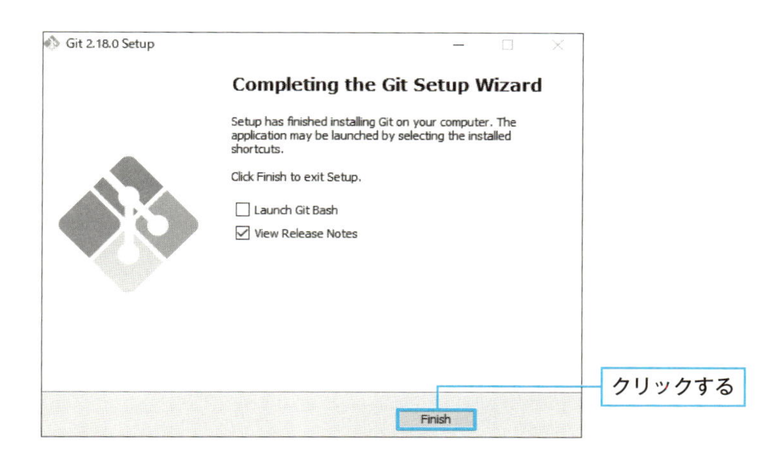

▶ CUIクライアントのインストール(macOS)

まずGitがインストールされているか確認しましょう。
ターミナルを起動し、以下のコマンドを実行してください。

```
$ git --version
git version 2.15.2 (Apple Git-101.1)
```

上記のようにGitのバージョン情報が表示されれば、すでにインストール済みです。
インストールされていない場合は、https://brew.sh/index_jaなどを参考にパッケージ管理ツールのHomebrewを導入し、以下のように実行するとGitがインストールされます。

```
$ brew install git
==> Downloading https://homebrew.bintray.com/bottles/git-2.18.0.high_sierra.bott
######################################################################## 100.0%
==> Pouring git-2.18.0.high_sierra.bottle.tar.gz
==> Caveats
(略)
$ git --version
git version 2.15.2 (Apple Git-101.1)
$
```

利用する前の準備

gitコマンドを利用する際のGitHubとの接続には、「秘密鍵」「公開鍵」を利用するRSA暗号を利用できます。そのため、PC側で「秘密鍵」「公開鍵」の鍵ペアを作成し、「公開鍵」をGitHubに登録する必要があります。

▶ 鍵を確認する

既に秘密鍵や公開鍵を作成したことがある場合は、それを使用することができます。コマンドラインからファイルが既に存在しているか確認しましょう。Windowsの場合は、メニューから「Git」-「Git Bash」を起動して以下のように実行します。

```
$ ls -al ~/.ssh
total 144
drwxr-xr-x 5 yasuharu519 staff 170 8 10 14:13 .
drwx------ 15 yasuharu519 staff 510 8 10 14:13 ..
-rw------- 1 yasuharu519 staff 3326 8 10 14:13 id_rsa
rw-r--r- 1 yasuharu519 staff 752 8 10 14:13 id_rsa.pub
rw-r--r- 1 yasuharu519 staff 62717 8 10 14:13 known_hosts
```

上記のように、id_dsa.pubやid_rsa.pubなどが表示されれば、新しい公開鍵を作成する必要はありません。

macOSの場合は、ターミナルを起動して実行します。Windows、macOSとも、以下のように表示された場合は、次の「新しい鍵を作成する」に進んでください。

```
$ ls -al ~/.ssh
ls: /Users/pokeri-github/.ssh: No such file or directory
```

▶新しい鍵を作成する

新規に鍵を作成する場合は、Windowsの場合はGit Bash、macOSの場合はターミナルで以下のように実行します。

```
$ ssh-keygen -t rsa -b 4096 -C "hogehoge@fuga.com"
Generating public/private rsa key pair.
Enter passphrase (empty for no passphrase):
Enter same passphrase again:
Your identification has been saved in /Users/sample/.ssh/id_rsa.
Your public key has been saved in /Users/sample/.ssh/id_rsa.pub.
The key fingerprint is:
SHA256:qa/FgZ940TDehIcG+y4ljqGxFQ3lUpXLOA9WdIlZbmo hogehoge@fuga.com
The key's randomart image is:
+-[RSA 4096]--+
| ..+oo=o. |
| ============ |
| o ++*.= |
| o==o@ |
| . o.o+E o |
| = + X.+ |
| ++++++++++++++ |
| = |
| ... |
+--[SHA256]---+
```

GitHubに鍵を登録する

公開鍵の内容をコピーする

作成した公開鍵をGitHubに登録し、利用できるように設定します。

Windowsの場合は、C:¥Users¥ユーザー名¥.sshフォルダにid_rsa.pubというファイルがありますので、この内容をコピーしてください。

macOSの場合は、ターミナルで以下のように実行してください。

```
$ cat ~/.ssh/id_rsa.pub | pbcopy
```

これで鍵の内容をクリップボードにコピーすることができます。

GitHubに登録する

GitHubの画面の右上にあるアイコンをクリックし、「Settings」を選択すると、アカウントセッティングのページ(https://github.com/settings/profile)に移動します。

左のメニューから「SSH and GPG keys」を選択します。右上の「New SSH key」をクリックします。

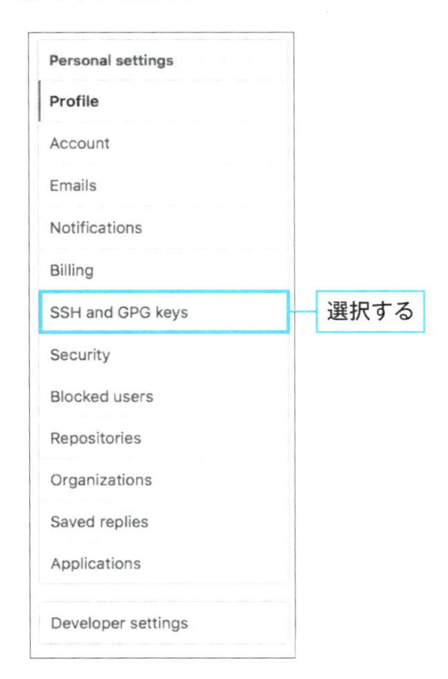

後でわかりやすいよう「Title」には鍵の名前を入力し、「Key」には先ほどコピーした公開鍵の内容を貼り付け、「Add SSH Key」をクリックすると鍵の登録は完了です。

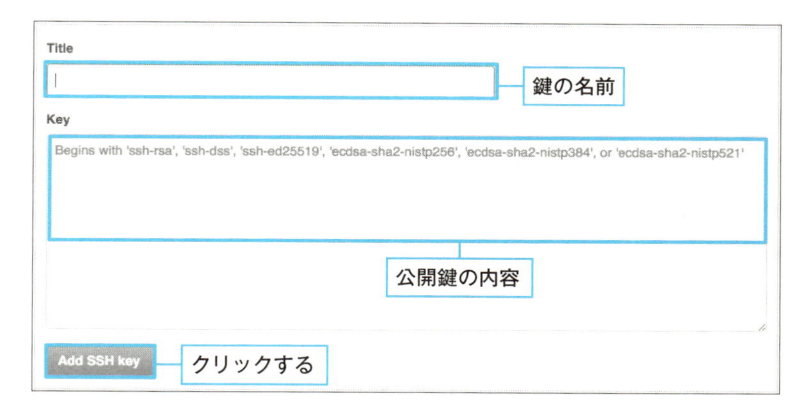

実際に使ってみる

それでは、実際にGitHubを利用してみましょう。ここでは、一般的にGitHubを利用する場合の基本的なワークフローを説明します。その後、それぞれの操作をコマンド、GitHub Desktopで行う方法を説明します。

Gitの基本的なワークフロー

Clone(クローン)

GitHubにリポジトリを作成し、複数の人たちで利用する場合、まず対象となるリポジトリをGitHub上に作成し、そのコピーをそれぞれのPCに作成します。これをClone(クローン)と言います。

Commit(コミット)

その後、ローカルにコピーしたリポジトリに対して変更を加え、履歴を記録します。これをCommit(コミット)と言います。

Push(プッシュ)

ローカルに反映された変更内容をGitHub上のリポジトリに反映させることをPush(プッシュ)と言います。

● Pull（プル）

GitHub上のリポジトリに反映された変更を各作業者のローカルリポジトリに反映させることをPull（プル）と言います。

▶リポジトリを作成する

● GitHub Desktop

GitHub Desktopを起動し、「Create new repositry」をクリックします。

「Create new repositry」画面で「Name」にリポジトリ名を入力します。

「Local Path」はローカルでのファイル配置場所となりますので、適切な場所を指定します。

「Git ignore」では、使用する言語やフレームワークが決まっている場合、それに応じた.gitignoreファイルを作成して作業がスムーズに進めることができます。

「License」では、このリポジトリで指定するソフトウェアライセンスについて設定を行います。

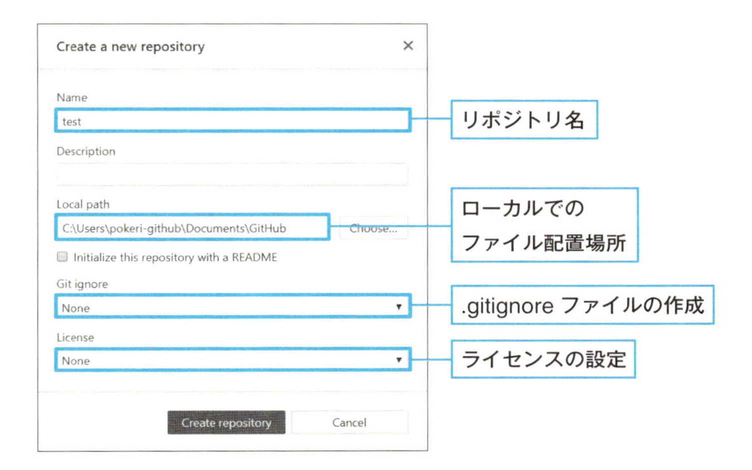

これでローカルにフォルダが作成されます。次に右上の「Publish repository」をクリックします。

プライベートリポジトリに設定する場合は、「Keep this code private」にチェックを入れます。「Publish repository」をクリックすると、GitHub上にリポジトリが作成されます。

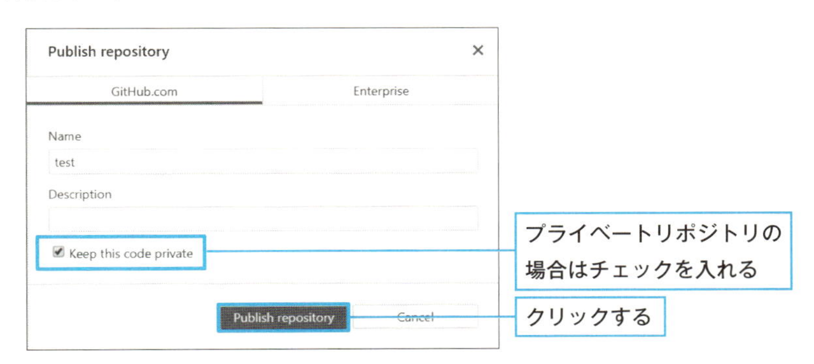

● ブラウザ

画面右上の「+」をクリックして「New repository」を選択します。
「Create a new repository」画面では、必要に応じて以下の項目を入力します。

- Repository Name（リポジトリ名）
- Description（リポジトリの説明）
- Public or Private（パブリックにするかプライベートにするか）
- Initialize this repository with a README（チェックを入れるとリポジトリ作成時にREADMEファイルも作成される）

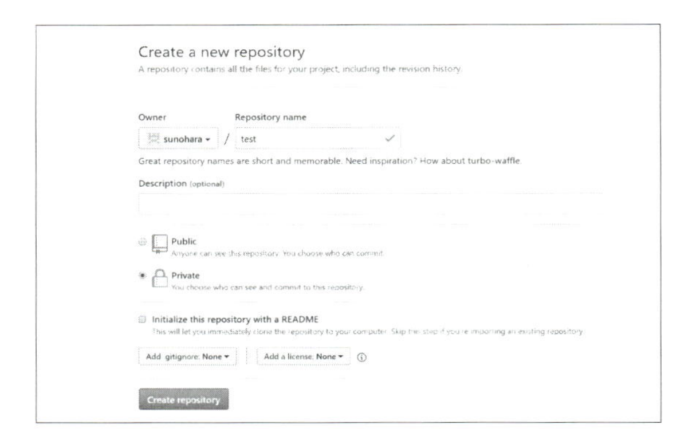

リポジトリを作成すると、以下のような画面になります。

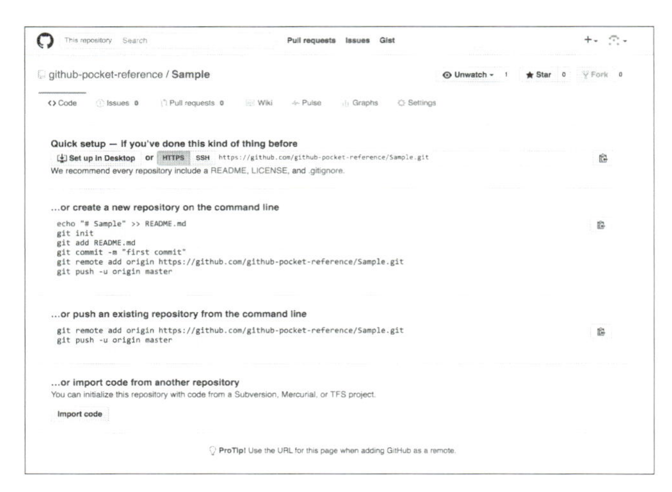

なお、無料プランの場合は、プライベートリポジトリを作成できないので注意してください。

▶ローカルにCloneする(git clone コマンド)

● GitHub Desktop

GitHub Desktopのトップ画面で「Clone a repository」をクリックすると、Clone可能なリポジトリ一覧が表示されます。適切なリポジトリを選択して、「Local Path」でローカルのファイル配置場所を指定します。「Clone」をクリックするとローカルにリポジトリがコピーされます。

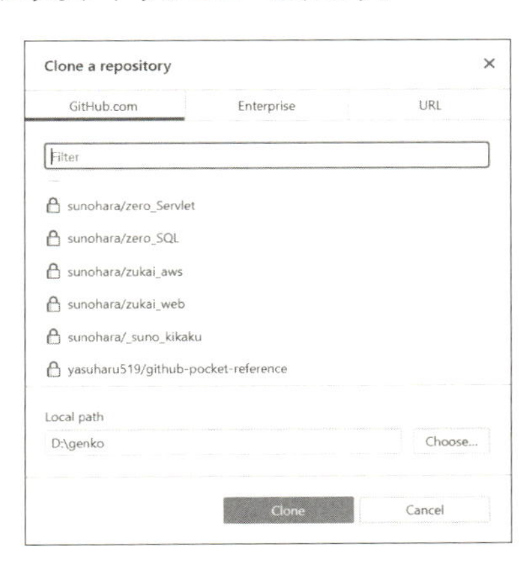

● コマンド

コマンドラインから作業を行う場合は、リポジトリを保存したいディレクトリまで移動した上で、git cloneコマンドを実行します。

書式

```
$ git clone git@github.com:アカウント名/リポジトリ名.git
```

例えば、「pokeri-github」ユーザーの test リポジトリをCloneする場合は、以下のように実行します。

```
$ git clone git@github.com:pokeri-github/test.git
```

▶ファイルをCommitする(git add/git commit コマンド)

● GitHub Desktop

ローカルに変更があった場合は、左側のビューに変更があったファイルが表示されます。これをCommitする場合は、Descriptionにコメントを記述し、下にある「Commit to ブランチ名」をクリックします。

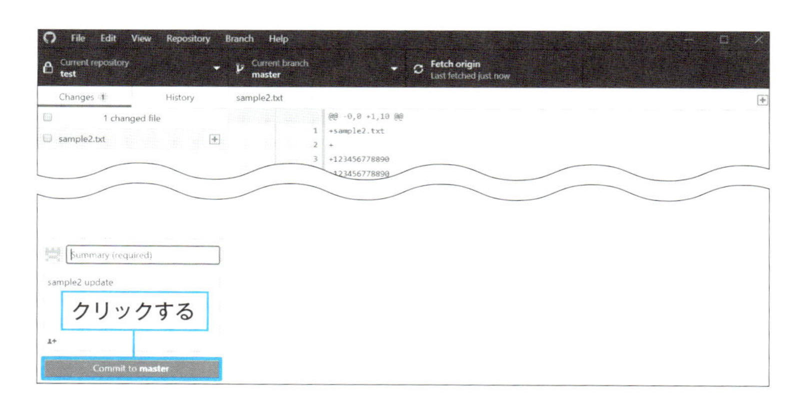

● コマンド

コマンドでCommitする場合は、その前にファイルをStagingするためにgit addコマンドを実行します。

書式

```
git add ファイル名
```

また、現在のディレクトリ以下のものをすべてaddする場合は、以下のように実行します。

```
$ git add .
```

「.」は現在のディレクトリのことを示しており、ディレクトリ配下の変更をすべて「add」します。

git addコマンドが正常に完了したら、git commitコマンドでCommitを行います。 -m オプションでコミットメッセージを追加します。

書式

```
git commit -m コミットメッセージ
```

例えば、変更を加えたカレントディレクトリ以下のファイルをすべてステージングし、説明を加えてそれらをコミットする場合は、以下のように実行します。

```
$ git add .
$ git commit -m "First Commit"
[master a6abc46] First Commit
 2 files changed, 20 insertions(+)
 create mode 100644 sample2.txt
 create mode 100644 sample3.txt
```


▶ローカルの変更をGitHubに反映する(git pushコマンド)

● GitHub Desktop

GitHub Desktopのトップ画面で「Repository」を選択して「Push」を選択します。

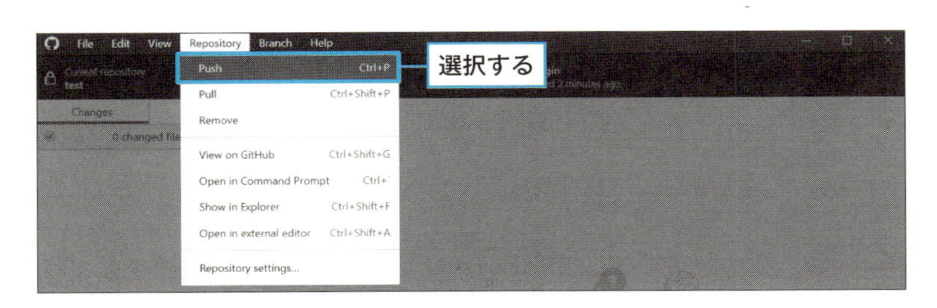

● コマンド

ローカルの変更をGitHub上に反映する場合は、git pushコマンドを実行します。

書式

```
$ git push リモートリポジトリ名 ブランチ名
```

例えば、「origin」という名前のリモートリポジトリのmasterブランチをPullする場合は、以下のように実行します。

```
$ git push origin master
```

▶GitHubにある変更をローカルに反映する(git pull コマンド)

● GitHub Desktop

GitHub Desktopのトップ画面で「Repository」を選択して「Pull」を選択します。

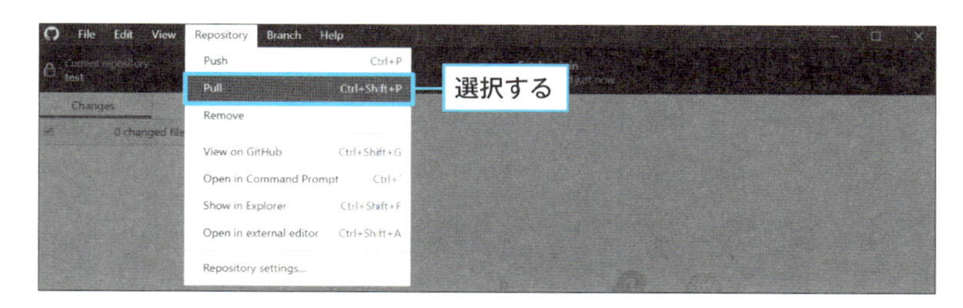

● コマンド

GitHub上のリポジトリと同期をとるためには、git pullコマンドを実行します。git pushコマンドを実行する際に他の作業者が変更を加えていた場合git pushコマンドが失敗してしまいます。そういった場合はgit pushコマンドの前にgit pullコマンドで変更をローカルに取り込むようにしましょう。次に説明するgit pushコマンドを実行する前は、必ずgit pullコマンドを実行するようにしてください。

書式

```
$ git pull リモートリポジトリ名 ブランチ名
```

例えば、「origin」という名前のリモートリポジトリのmasterブランチをPullする場合は、以下のように実行します。

```
$ git pull origin master
```

Part 2

GitHub 実践編

本Partでは、GitHubを利用する際に役立つ操作をTips形式でまとめています。順番に確認して自分の知らない操作を学んだり、実際に使用する際のリファレンスとして活用することができます。

Git で管理しないファイルの設定を行う

.gitignore ファイルで Git で管理しないファイルを設定できます。

.gitignore ファイルとは

.gitignore ファイルでは、指定したファイルを Git の管理対象外に設定することができます。管理対象外となったファイルは、変更があった場合も Git では管理されません。

クラウドサービスを利用するための認証情報ファイルや、パスワード情報を含んだファイルなど、履歴管理を行いたくないファイルについては .gitigncre ファイルの設定を行い、Git の管理対象外に設定しましょう。

.gitignore ファイルは、配置したディレクトリ以下に効果があります。一般的に Git のローカルリポジトリのルートディレクトリに配置します。

何を設定すればよいかわからない場合は、.gitignore ファイルのテンプレートを出力する gitignore.io という Web サービスもあります。

gitignore.io では、プロジェクトのプログラミング言語や IDE の環境名を入力すると、それに適した .gitignore ファイルを生成してくれます。プロジェクトを始める際はこれらのサービスを活用することで、Git で余計なファイルを管理することを防ぐことができます。

gitignore.io
https://www.gitignore.io/

.gitignore ファイルの書式

.gitignore ファイルでは、無視したいファイルのパターンを 1 行ずつ記述し、ファイル名を指定してそのファイルを無視することができます。また、「*」でファイルパターンで指定することも可能です。

```
# ………… # から始まる行はコメントとして使用可能
hoge …… hoge という名前のファイルを無視する
\#………… # で始まるファイルをパターンに追加したい場合、バックスラッシュを付ける
```

```
foo/······ ディレクトリをパターンに追加したい場合は末尾にスラッシュを付ける。
           この場合はfooという同名のファイルがあった場合、それは無視されない
*.jpg ··············· .jpgで終わるファイルをすべて無視する
!1.jpg··············· !を付けると除外の意味になる。上の行で.jpgで終わるファイルを
                      すべて無視するようになっているが、1.jpgのみ無視しないようにする
*.[oa]··············· *.o、*.aで終わるファイルを無視する
/*.c················· .gitignoreファイルと同じディレクトリにあるファイルのみを選択した
                      い場合は最初にスラッシュを付ける
```

例えば、gitignore.ioを使って生成したmacOS用の.gitignoreファイルは、以下のように生成されます。

```
# Created by https://www.gitignore.io/api/macos

### macOS ###
*.DS_Store
.AppleDouble
.LSOverride

# Icon must end with two \r
Icon

# Thumbnails
._*

# Files that might appear in the root of a volume
.DocumentRevisions-V100
.fseventsd
.Spotlight-V100
.TemporaryItems
.Trashes
.VolumeIcon.icns
.com.apple.timemachine.donotpresent

# Directories potentially created on remote AFP share
.AppleDB
.AppleDesktop
Network Trash Folder
Temporary Items
.apdisk


# End of https://www.gitignore.io/api/macos
```

コマンド .gitignoreファイルの設定を行う

1 .gitignoreファイルを作成する

.gitignoreファイルを作成します。

書式

```
$ echo "無視したいファイルパス" > .gitignore
```

例えば、newfile.txtをGitの管理対象から外す場合は、以下のように実行します。

```
$ echo "newfile.txt" > .gitignore
```

2 .gitignoreファイルをCommitする

.gitignoreファイルもGitで管理するようにしましょう。git addコマンド、git commitコマンドを使うと、変更がCommitとして追加されます。-mオプションと共に簡単なCommitメッセージを追加しましょう。

```
$ git add .gitignore
$ git commit -m "Added .gitignore"
```

コマンド gitignore.ioを使って初期設定を行う

1 .gitignoreファイルを作成する

.gitignoreファイルをgitignore.ioが提供するAPIを利用して作成します。

書式

```
$ curl -L  http://www.gitignore.io/api/テンプレート名 > .gitignore
```

指定できるテンプレート名はgitignore.ioのWebページ(https://www.gitignore.io/api/list)から確認できます。

macOS用の設定を行いたい場合は、以下のように実行します。

```
$ curl -L  http://www.gitignore.io/api/macos > .gitignore
```

2 .gitignoreファイルをCommitする

先ほどと同様に、変更をCommitとして追加します。

```
$ git add .gitignore
$ git commit -m "Added .gitignore"
```

コマンド　管理対象ファイルを後から.gitignoreファイルに追加する

すでにファイルがGitの管理対象となっていた場合、.gitignoreファイルを更新しても変更は無視されません。

.gitignoreファイルは今後追加されるファイルにしか効果がありません。そのため、すでに管理対象となっているファイルについては、.gitignoreファイルに記述しても引き続きGitの管理対象となります。

Git管理中のファイルを後から管理対象外にしたい場合は、.gitignoreファイルを更新するとともに、管理されていたファイルをgit rmコマンドでGit上から削除をする必要があります。

例えば、newfile.txtがすでにGitで管理されており、後からGitの管理対象外としたい場合は以下の手順となります。

1 .gitignoreファイルを作成する

.gitignoreファイルを作成し、Commitを追加します。

```
$ echo "newfile.txt" > .gitignore
$ git add .gitignore
$ git commit -m "Added .gitignore"
```

2 git rmコマンドでファイルを削除する

git rmコマンドでファイルを削除します。忘れずgit commitコマンドでCommitを行ってください。

```
$ git rm newfile.txt
$ git commit -m "Removed newfile.txt"
```

▶▶▶ 利用設定　コマンドライン　Web

デフォルトで使用するエディタを設定する

git configコマンドでcore.editorの設定を変更します。

git config コマンドとは

Gitを使用する際の設定などは、git configコマンドから設定できます。

git configコマンドで、リポジトリごとに異なるlocal設定や、現在使用しているユーザーに関係するすべてのリポジトリへのglobal設定が可能です。--localオプションを使用するとgit configコマンドを実行したGitリポジトリのみの設定となり、--globalオプションを使用するとユーザが使用するGitリポジトリ全体に対する設定となります。

例えば、Commitに書き込まれるユーザー名やE-mailアドレス情報などは、global設定に記述しておくとよいでしょう。

git configコマンドの基本的な書式は以下のとおりです。

書式

```
$ git config 設定したい項目 設定値
```

Gitを使用していてメッセージを打つ必要がある場合、Gitはエディタを立ち上げてユーザーにメッセージの入力を求めます。通常はシステムによって設定されたデフォルトのエディタが立ち上がりますが、git configコマンドでcore.editorの値を書き換えることで、ユーザーの好きなエディタに変更できます。

書式

```
$ git config core.editor 使用したいエディタ
```

コマンド　デフォルトのエディタ設定を Vim に変更する

デフォルトのエディタをVimに設定する場合は、--globalオプションを付けて以下のように実行します。

```
$ git config --global core.editor vim
```

コマンド デフォルトのエディタ設定を Emacs に変更する

デフォルトのエディタをEmacsに設定する場合は、以下のように実行します。

```
$ git config --global core.editor emacs
```

コマンド 使用するエディタを特定のリポジトリのみ変更する

リポジトリごとに設定を変更したい場合は、git config コマンドに --local オプションを付けて実行します。なお、オプションを何も付けずに実行した場合も、--local オプションを付けた場合と同じになります。

特定のリポジトリにおける設定を変更する場合は、そのリポジトリのディレクトリに移動してから、git config コマンドを実行します。

例えば、特定のリポジトリを操作するときのみVimを使用したい場合は、以下のように実行します。

```
$ git config --local core.editor vim
```

▶▶▶ 利用設定　コマンドライン　Web

改行コードの設定を行う

git configコマンドでcore.autocrlfの設定を変更します。

core.autocrlfとは

WindowsとLinux・macOSでは、ファイルの改行コードに違いがあります。

Windowsは、CR(キャリッジリターン)とLF(ラインフィード)の2つの制御文字を組み合わせて改行を表現しています。一方、LinuxやmacOSでは、LF(ラインフィード)文字のみで改行が表現しています。

そのためWindowsとLinux・macOSなどの異なるOS間でGitを使う場合、改行文字を気にする必要がありますが、Gitにはそれに対処するための設定が用意されています。git configコマンドでcore.autocrlfの設定を変更すれば、あらかじめ設定しておくことができます。

core.autocrlfの主な設定値は以下のとおりです。

▼ core.autocrlfの主な設定値

値	説明
true	Commit時やCheck out時にCRLF→LFの変換を行う
input	Commit時のみCRLF→LFの変換を行う。Windowsの場合はCheck out時にもLF→CRLFへの変換を行うため、Windowsの場合はtrueと同じ設定となる
false	変換を行わない

コマンド　core.autocrlfをfalseに変更する

改行コードの変換はトラブルの元になる可能性があるため、Windowsのみ、LinuxもしくはmacOSのみ利用している場合は、変換させないようにするとよいでしょう。

また、改行コードが混在する環境ではfalseのままに設定しておき、エディタで対応するようにしてもよいでしょう。

```
$ git config --global core.autocrlf false
```

コマンド　core.autocrlf を true に変更する

trueに設定すると、Windowsで使用できるように、Check out時にLF→CRLFの変換を行い、ファイルの編集後Commitする際にCRLF→LFの変換を行います。

エディタの改行コードを変更できないWindows環境の場合はtrueに設定しておくのがよいでしょう。

```
$ git config --global core.autocrlf true
```

コマンド　core.autocrlf を input に変更する

基本的にはinputで設定し、Commit時のみCRLF→LFの変換を行うようにすれば大きなトラブルは起きにくくなります。

```
$ git config --global core.autocrlf input
```

Windowsの場合はCheck out時にLF→CRLFへの変換を行うため、trueに設定した場合と同じ挙動になります。

2FAでセキュリティの強化を行う

2FA(二要素認証)の設定を行うことで、セキュリティの強度を高めることが可能です。

2FA(二要素認証)

近年ではハッカーによる攻撃はさらに多様化し、手口も巧妙になっています。他のWebサービスと同じパスワードを使いまわしたり、類推されやすいパスワードを使うなど、セキュリティ強度が低い運用を行っていると、ハッキングされる危険性が高くなります。

2FAは、二要素認証(Two-Factor Authentication)のことです。これによってログイン時の認証でパスワードだけでなく、ログイントークンなどの入力も求めるなど、セキュリティ強度を高くすることができます。

GitHubで2FAの設定を行った場合、ログイン時にパスワードと共に、以下のどちらかのトークンの入力を要求するようにできます。

- Google Authenticatorなどの2FA用アプリケーションで生成されるトークン
- SMSで送信されるトークン(ただし、**日本のキャリアには非対応**)

GitHubでは、2FA用アプリケーションによるトークン生成を推奨しています。GitHubに限らず、2FAに対応したWebサービスを利用する場合は、できるだけ設定したほうがよいでしょう。

Web 2FA用アプリケーションによる認証の設定を行う

1 モバイルアプリをインストールする

iOS、Android共にGoogle Authenticatorという2FA用アプリが提供されています。このアプリ以外にも、TOTP(Time-based One-Time Password)と呼ばれる方式に対応したアプリケーションも利用可能です。

2 アカウント設定画面に移動する

右上の「アカウントボタン」をクリックし、「Settings」を選択して、設定画面に移動します。

3 セキュリティ設定画面に移動する

「Security」を選択し、セキュリティ設定画面に移動します。

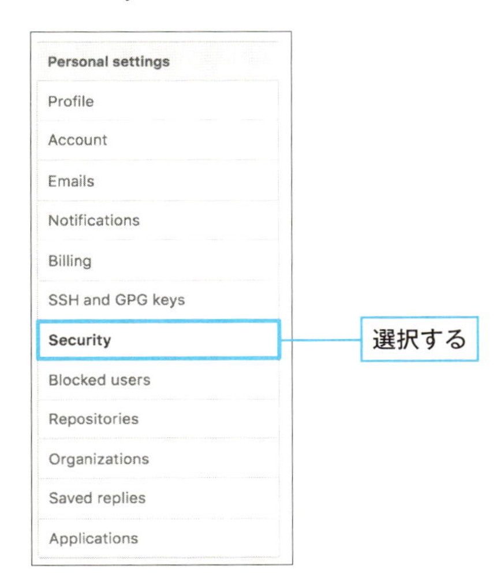

4 二段階認証を選択する

「Set up two-factor authentication」をクリックします。

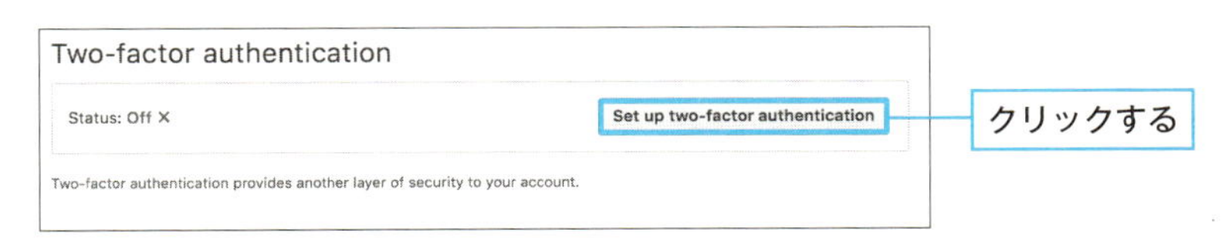

5 表示されるバックアップ用のコードを保存する

「Set up using an app」をクリックすると、複数の復旧コードが表示されます。これらのコードは、2FA用の端末が壊れた場合などで復旧するために使用します。

印刷して紙に保存したり、バックアップ用ストレージに保存するなど、安全な場所に記録してください。

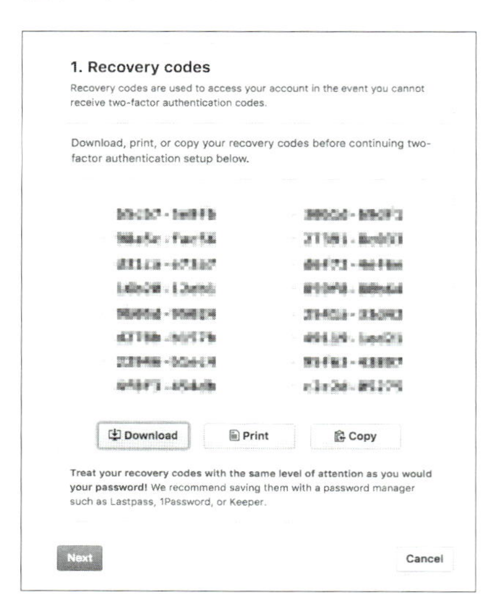

6 QRコードを読み込み2FA用アプリの設定を行う

2FAを使用するアプリとの連携が完了すると、数十秒ごとに新しいトークンが発行されます。正しく設定されているか確認するため、現在表示されているトークンの入力を求められます。2FAを使用するアプリケーションに表示されたトークンを入力し、「Enable」をクリックします。

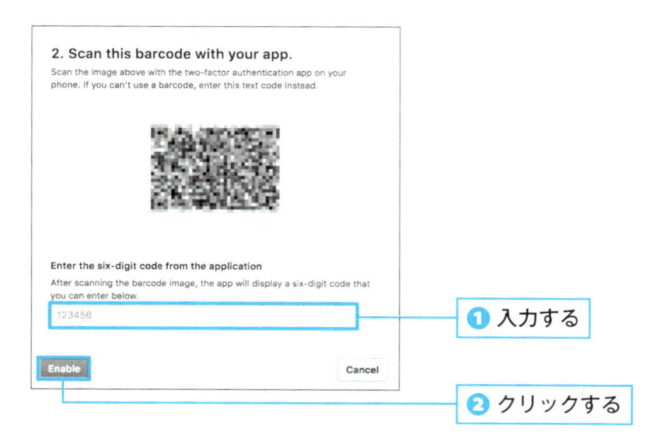

▶ Google Authenticatorの設定を行う

Google Authenticatorの場合は、以下の手順で設定を行います。

1 Google Authenticatorを起動すると、以下のような画面になりますので「設定を開始」をクリックします。

2 「バーコードをスキャン」を選択します。

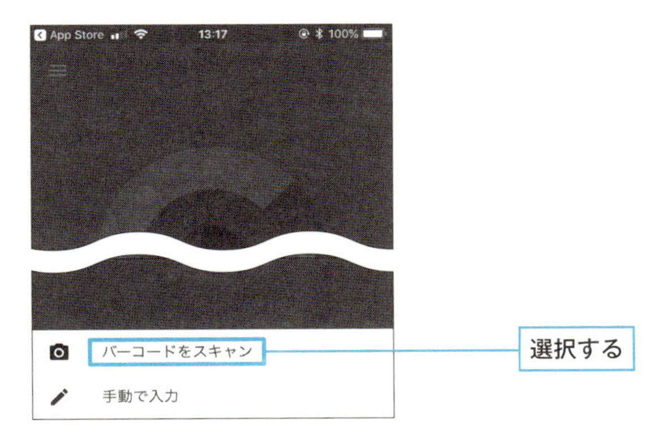

3 アクセス許可設定を求められるため、「OK」を選択して先ほど表示されたQRコードをスキャンします。

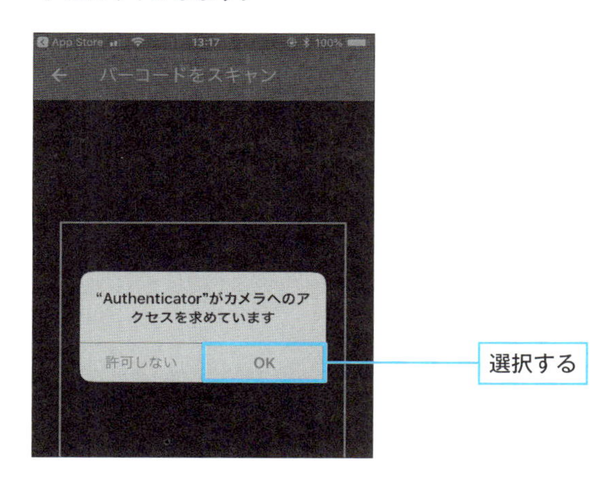

4 GitHubの項目に表示された6桁の数字を2FAの設定時に入力します。

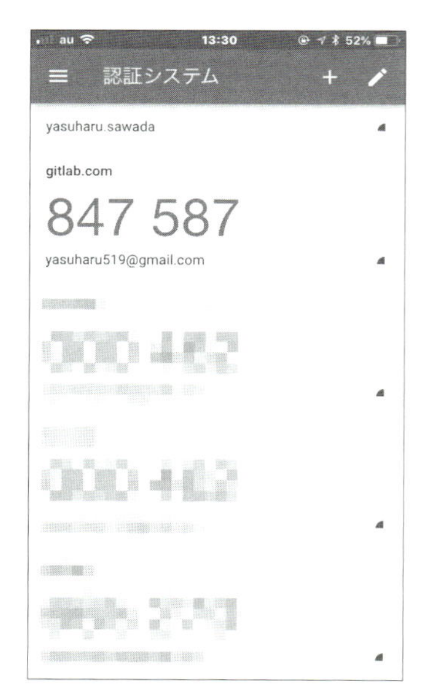

上記の手順を実行した以降に2FAのコードを求められた際は、Google AuthenticatorのGitHubの項目に表示された数字を入力するようにします。

プロフィール設定を行う

プロフィールをカスタマイズすることで、所属しているオーガナイゼーションやコントリビュートしているリポジトリについて、ページを訪れたユーザーに伝えることができます。

プロフィール画面

各ユーザーのプロフィールには、以下のURLでアクセスできます。

書式

```
https://github.com/ユーザー名
```

プロフィール画面では、以下のような情報を確認できます。

- プロフィールアイコンなどのプロフィール情報
- ユーザーが作成したパブリックリポジトリの中でも人気なリポジトリ
- ユーザーの1年間のコントリビューショングラフ
- パブリックなコントリビュートアクティビティ

コントリビューショングラフでは、GitHub上のリポジトリにCommitを送信するなどの活動を行った日に色が付き、1年間の活動がカレンダー表示されます。Commitを多く作成した日は濃い色で表示され、よく活動した日とそうでない日が色で確認することができます。

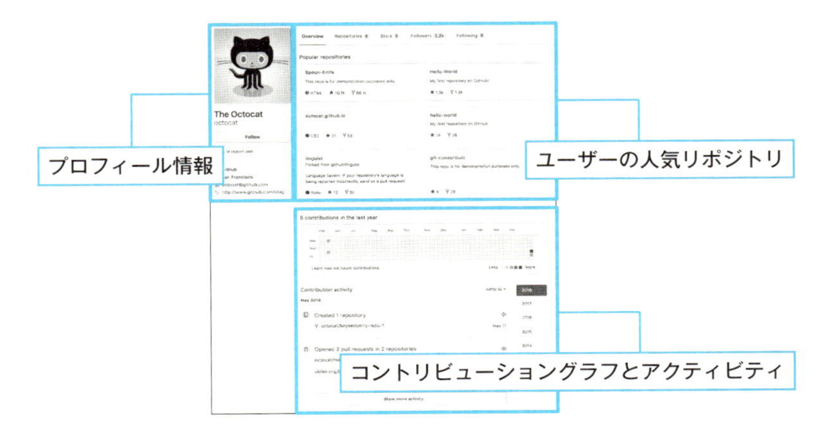

最近では、GitHub自体がエンジニアのプロフィールの1つとして使われていることも多いため、好みに合わせてカスタマイズしておくとよいでしょう。

Web プロフィールをカスタマイズする

1 アカウント設定画面に移動する

右上の「アカウントボタン」をクリックし、「Settings」を選択して、設定画面に移動します。

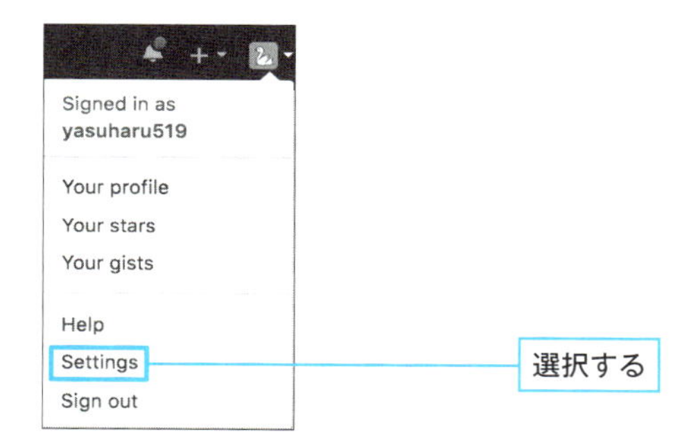

2 プロフィール設定画面に移動する

「Profile」を選択し、プロフィール設定画面に移動します。

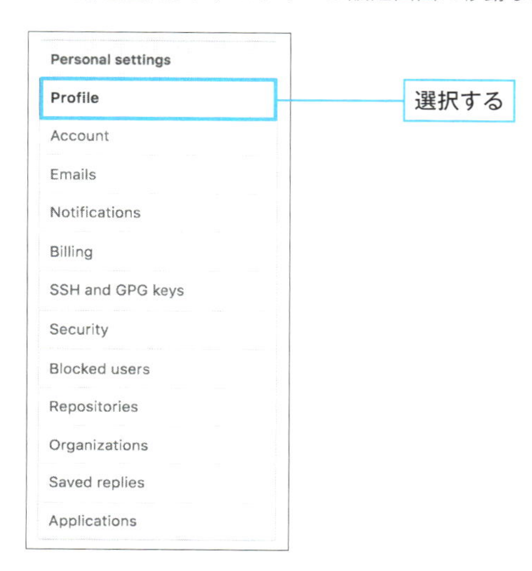

3 カスタマイズしたい項目を修正する

Profile画面では、プロフィールとして公開する以下の情報を設定することができます。

項目	説明
Name	プロフィール画面で表示されるユーザー名
Public email	プロフィール画面で表示されるE-mailアドレス
Bio	プロフィール画面の一言欄に表示するもの。160字まで入力が可能
URL	プロフィール画面に表示できるURL。ブログなどがある場合はこちらに記載してくのがよい
Company	所属。GitHub organization がある場合は@<オーガナイゼーションアカウント名>とすることで、リンクを作成が可能
Location	プロフィール画面に表示できる所在地

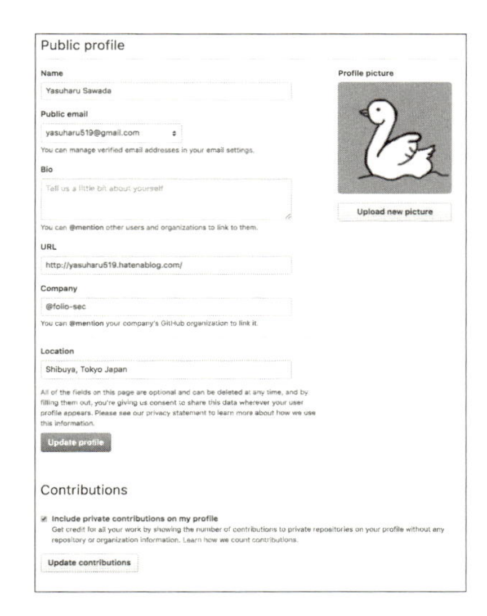

すべてを設定する必要はありません。また、設定したくない項目は空欄のままでも問題ありません。

Contributions欄に「Include private contributions on my profile」というチェックボックスあります。これをチェックすると、プロフィール画面のコントリビューショングラフにプライベートリポジトリのコントリビューションも含まれるようになります。

4 設定を保存する

「Update profile」をクリックして、その時点の設定を保存します。

新しくファイルを追加する

Staging(ステージング)とCommit(コミット)を実行して新しいファイルの追加を行います。

ファイルの追加・変更時の流れ

新しくファイルを追加したり変更するには、GitではStaging(ステージング)とCommit(コミット)の2段階の操作が必要となります。

Stagingという操作はGitの特徴の1つです。初めてGitを操作する際は、2段階の操作がややこしく感じるかもしれませんが、Gitの流れが理解できればうまく活用することが可能になります。Stagingがあることで、ローカルのファイルに加える変更とCommitを別に考えることができるようになります。ファイル内の一部の変更のみをStagingすることも可能となり、Commit作成に柔軟性が生まれ、履歴として見やすいCommitを作成することが可能となります。

ワーキングディレクトリは現在のローカルのファイルの状態を表しています。ワーキングディレクトリのファイルに加えられた変更はStagingエリアを経てGitリポジトリに変更履歴として保存されます。

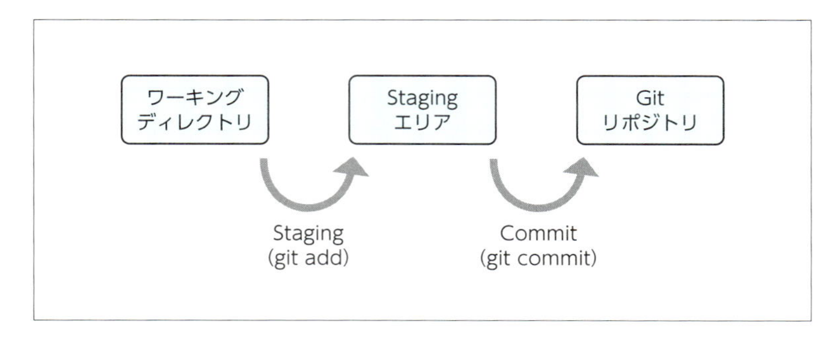

Staging（ステージング）

Gitでは履歴の保存を行う前に、保存する単位をまとめて整理することができます。その際の一時的な作業領域をStagingエリアと呼び、保存したい変更をStagingエリアに追加することをStagingと呼びます。

新しく機能を追加する場合など、変更が複数のファイルにわたる場合、Stagingを行って、「意味のある」単位として保存しておくことにより、後からの変更が楽に行うことが可能となります。

ファイルのStagingには、git addコマンドを利用します。

書式

```
$ git add 追加したいファイルのパス
```

Commit（コミット）

Stagingを行って準備した後、Commitを行うことで、Stagingしたものを1つの履歴として保存することができます。Commitの際は、どのような変更を加えたCommitかをCommitメッセージして保存しておくことで、履歴をさかのぼってふりかえることが容易になります。

書式

```
$ git commit
```

コマンドを実行すると設定されたエディタが立ち上がり、Commitメッセージの入力画面となります。

書式

```
$ git commit -m "好きなメッセージ"
```

-mオプションを使用するとエディタを立ち上げることなく、Commitメッセージを設定してCommitを追加することも可能です。

Pull（プル）・Push（プッシュ）

Gitは分散型バージョン管理システムを採用しています。そのため、Staging、Commitを行ってもその変更はローカルリポジトリにしか反映されません。

ローカルリポジトリに加えた変更をGitHubなどのリモートリポジトリに反映させる場合は、そのための操作を行う必要があります。

ローカルリポジトリの変更をリモートリポジトリに反映させる場合は、git push

コマンドを実行します。

書式
```
$ git push origin ブランチ名
```

また一方でリモートリポジトリの変更をローカルリポジトリに反映させる場合、git pullコマンドを実行します。

書式
```
$ git pull origin ブランチ名
```

GitHub上で加えた変更などは忘れずgit pullコマンドを実行しておくようにしましょう。

コマンド 新しくファイルを追加する

hoge.txtというファイルを新規作成し、このファイルをGitにCommitして追加したい場合を考えます。

1 Stagingを行う

hoge.txtに必要な変更を加えた後、Gitに追加したい場合、まずStagingを行います。

```
$ git add hoge.txt
```

これでファイルのStagingが完了します。

2 Commitを行い、履歴を追加する

次にCommitを行います。

```
$ git commit
```

デフォルトのエディタが立ち上がるので、好きなCommitメッセージを入れることでCommitが追加されます。Commitメッセージは自由に入力できますが、以下のようなフォーマットが推奨されています。

```
変更の要約（72文字以下推奨）

3行目以降に変更内容の詳細を記入する

# Please enter the commit message for your changes. Lines starting
# with '#' will be ignored, and an empty message aborts the commit.
```

```
# On branch master
# Your branch is up-to-date with 'origin/master'.
#
# Changes to be committed:
# new file: hoge.txt
#
```

1行目はCommit内容の要約を簡単に記入します。1行空けて3行目以降に変更内容の詳細を記入します。Gitに関連する多くのソフトウェアが上記のスタイルを想定しているため、基本的にこのスタイルに沿ったCommitメッセージを書くことが推奨されています。また、「#」から始まる行は、Commitメッセージ作成時に自動的に挿入されていますが、コメント扱いとなりCommitメッセージには含まれません。

3 変更をGitHubに反映する

Pushを行い、ローカルリポジトリの変更をリモートリポジトリに反映させましょう。

現在のブランチがmasterの場合、以下のコマンドを実行します。別のブランチに変更する場合はブランチ名も指定してください。

```
$ git push origin master
```

Web 新しくファイルを追加する

1 ファイルを新規作成したいページまで移動する

「Create new file」というボタンをクリックします。

2 ファイルの内容を書き加える

ファイルの作成画面に移ります。ファイル名を入力し、ファイル内に記述したい内容を記述します。

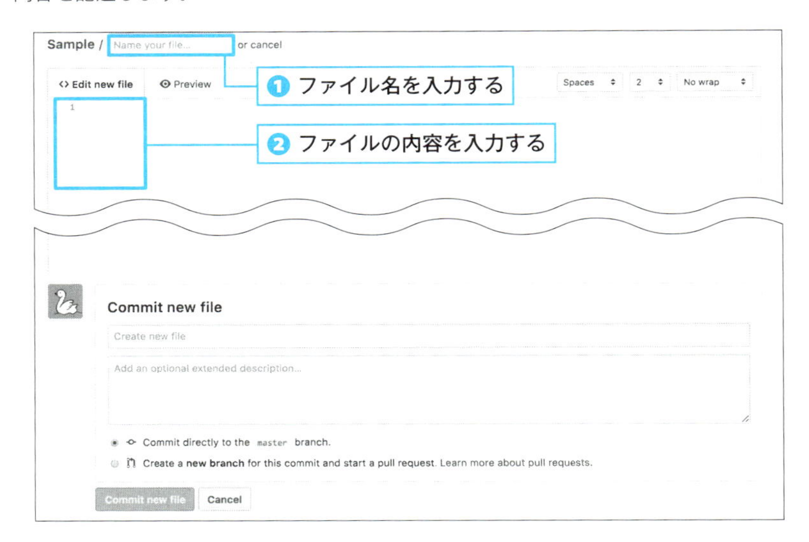

3 Commitメッセージを書いて保存する

画面下の「Commit new file」で、上の入力欄には簡潔なCommitメッセージ、下の入力欄には詳細な内容を記述しして「Commit new file」をクリックします。

さらにその下に2つのラジオボタンがあります。

表示	説明
Commit directory to the master branch.	現在のブランチに直接Commitする
Create a new branch for this commit a start a pull request	新しいブランチを作成してPull Requestを開始する

現在のブランチに直接Commitしたい場合は「Commit directory ……」、新しいブランチを作成し、この変更を加えたPull Requestを作成したい場合は「Create a new branch ……」を選択してください。なお複数人で作業を行っている場合は、「Create a new branch ……」を選択し、Pull Requestを作成したほうがよいしょう。

4 変更をローカルリポジトリに反映させる

GitHub上の変更をローカルリポジトリに反映させるにはgit pullコマンドを実行します。

masterブランチに対してpullを行う場合は、以下のようなコマンドを実行します。

```
$ git pull origin master
```

コードを修正する

git addコマンド、git commitコマンドを利用して、新規ファイル追加と同じ手順で、コードを修正します。

コードを修正する

既存のコードを編集する場合も新しくファイルを追加する手順とほぼ同じ手順で行うことができます。修正したいファイルを編集した後、git addコマンド、git commitコマンドを実行してCommitを追加します。

ステータスの確認

現在のGitリポジトリの状態を確認したい場合、git statusコマンドでGitプロジェクト内のファイルの変更状態について知ることができます。

Gitリポジトリ内のファイルに何も変更を加えていない状態でgit statusコマンドを実行すると以下のように表示されます。

```
$ git status
On branch master
nothing to commit, working directory clean
```

これはワーキングディレクトリの状態と、Gitリポジトリの状態に変更が加わっていないことを示しています。

例えばこのリポジトリ内で管理しているsample.txtの内容を変更したとしましょう。その状態でgit statusコマンドを実行すると、以下のような表示となります。

```
$ git status
On branch master
Changes not staged for commit:
  (use "git add <file>..." to update what will be committed)
  (use "git checkout -- <file>..." to discard changes in working directory)

        modified:   sample.txt

no changes added to commit (use "git add" and/or "git commit -a")
```

「modified:」と記載された行に、変更があるファイル名が表示されます。今回の場合 Gitリポジトリに Commitとして保存されている内容と、ワーキングディレクトリの内容を比べて sample.txt に変更差分があることを示しています。

このようにgit statusコマンドを使用することで、現在のローカルGitリポジトリの状態を確認することができます。新規ファイルが追加された、ファイルに差分があるなど、現在の状態はこのコマンドで確認できます。

コマンド コードを修正する

既存のファイルの内容を変更したい場合も、新規ファイルを追加する場合とほぼ同じ手順で行います。

Gitリポジトリ内のsample.txtというファイルに必要な変更を加え、加えた変更をCommitとして保存する場合を考えます。

1 Gitで管理しているファイルに変更を加える

sample.txtに変更を加えてファイルを保存してください。その後にgit statusコマンドを実行すると、以下のように「modified: sample.txt」という表示になっていることが確認できます。

```
$ git status
On branch master
Changes not staged for commit:
  (use "git add <file>..." to update what will be committed)
  (use "git checkout -- <file>..." to discard changes in working directory)

        modified:   sample.txt ……… ファイルの変更を示す

no changes added to commit (use "git add" and/or "git commit -a")
```

2 変更のStagingを行う

sample.txtに加えた変更をStagingします。

```
$ git add sample.txt
```

この後、git statusコマンドを実行すると以下のような表示となります。

```
$ git status
On branch master
Changes to be committed: ········· Stagingされた状態であることを示す
  (use "git reset HEAD <file>..." to unstage)

        modified:   sample.txt
```

「Changes to be committed」という表示に変わっていることがわかります。Stagingエリアに追加され、Commitの準備が整ったファイルが表示されます。

3 Commitを行い、履歴を追加する

git commitコマンドでCommitを追加しましょう。

```
$ git commit
```

エディタが立ち上がるので、Commitメッセージを入力してエディタを閉じると、Commitが追加されます。

4 変更をGitHubに反映する

この時点では、変更はローカルリポジトリにしか反映されていません。git pushコマンドでPushを実行してGitHubに反映させましょう。masterブランチの場合は、以下のコマンドを実行します。

```
$ git push origin master
```

Web コードを修正する

1 変更を加えたいファイルを開く

変更を加えたいファイルのページまで移動し、鉛筆アイコンをクリックします。

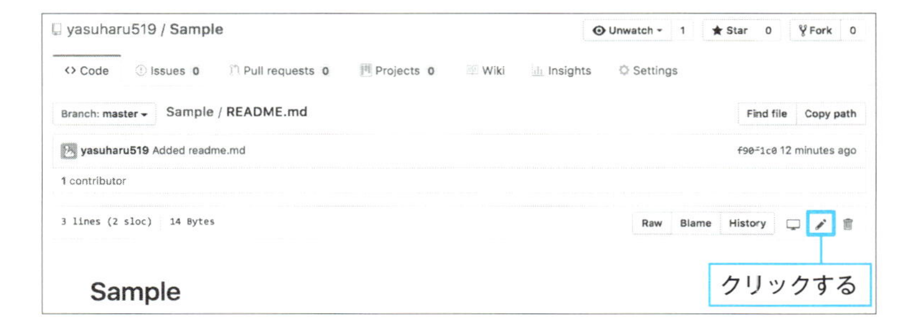

2 Web上で変更内容を記述する

ファイルを編集する画面になりますので、ファイルの変更したい内容を記述します。

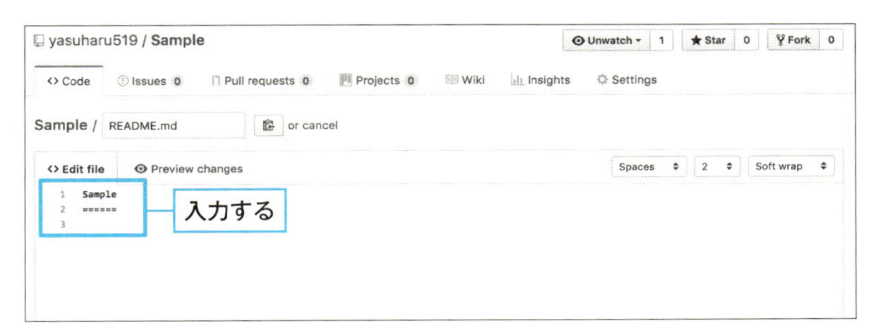

3 Commitメッセージを書いて保存する

画面下の「Commit new file」で、上の入力欄には簡潔なCommitメッセージ、下の入力欄には詳細な内容を記述しして「Commit new file」をクリックします。

4 変更をローカルリポジトリに反映させる

git pullコマンドを実行して、GitHub上の変更をローカルリポジトリに反映させます。masterブランチの場合、以下のようにコマンドを実行します。

```
$ git pull origin master
```

ファイルを削除する

git rmコマンドを利用することでファイルの削除が可能です。

ファイルを削除する

ファイルを削除する場合、git rmコマンドを利用します。ファイルの削除についても、Stagingを行い、Commitを行うという手順を採ります。そのため、ファイルの削除とその他の変更を同じCommitに含むことができます。

ファイルを削除する場合は、以下のコマンドを実行します。

書式

```
$ git rm 削除したいファイル名
$ git commit
```

ディレクトリごと削除したい場合は、-rオプションを付けて実行します。

書式

```
$ git rm -r 削除したいディレクトリ
$ git commit
```

コマンド ファイルを削除する

Gitリポジトリ内のsample.txtというファイルを削除する場合を考えてみましょう。

1 ファイルの削除を行う

git rmコマンドで削除したいファイルを指定します。この変更は自動的にStagingされます。

```
$ git rm sample.txt
```

git statusコマンドを実行すると、以下のような表示になります。

```
$ git status
On branch master
Changes to be committed:
  (use "git reset HEAD <file>..." to unstage)

        deleted:    sample.txt ……… 削除するファイルを示す
```

「deleted:」の部分には削除しようとしているファイル名が表示されます。

2 Commitを追加する

ファイル削除の内容はまだCommitされていません。以下のようにgit commitコマンドを実行しCommitを追加します。

```
$ git commit
```

3 変更をGitHubに反映する

git pushコマンドを実行してGitHubに反映させましょう。masterブランチの場合、以下のように実行します。

```
$ git push origin master
```

Web ファイルを削除する

1 削除したいファイルを開く

変更を加えたいファイルのページまで移動し、ゴミ箱アイコンをクリックします。

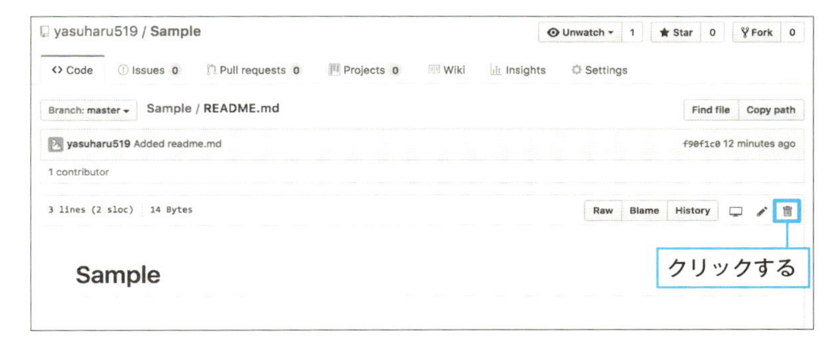

2 Commitメッセージを書いて保存する

画面下の「Commit new file」で、上の入力欄には簡潔なCommitメッセージ、下の入力欄には詳細な内容を記述しして「Commit new file」をクリックします。

3 変更をローカルリポジトリに反映させる

GitHub 上の変更をローカルリポジトリに反映させるには git pull コマンドを実行します。master ブランチの場合、以下のように実行します。

```
$ git pull origin master
```

ファイルのパスを変更する

git mvコマンドを使用するか、GitHub上の操作でファイルのパスを変更することが可能です。

git mvコマンドでファイルパスを変更する

Gitで管理されているファイルのファイルパスの変更を行う場合、git mvコマンドを利用します。

書式

```
git mv 変更したいファイルパス 新しいファイルパス
```

この変更は自動的にStagingされるため、git addコマンドを実行する必要はありません。

git mvコマンドの後、git commitすることで変更がCommitとして保存されます。ファイルのパス変更についてはWeb上で行うことも可能です。

コマンド ファイルパスを変更する

dirs/hoge.txtファイルがGit管理されている以下のような状態を想定します。

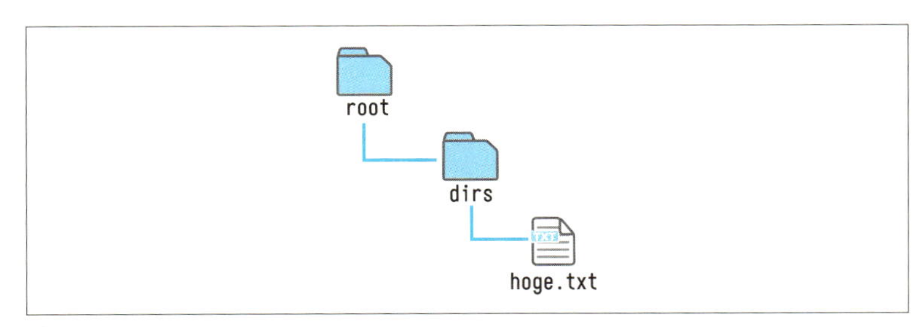

このhoge.txtファイルを1階層上に移動して以下の状態にすることで考えてみましょう。

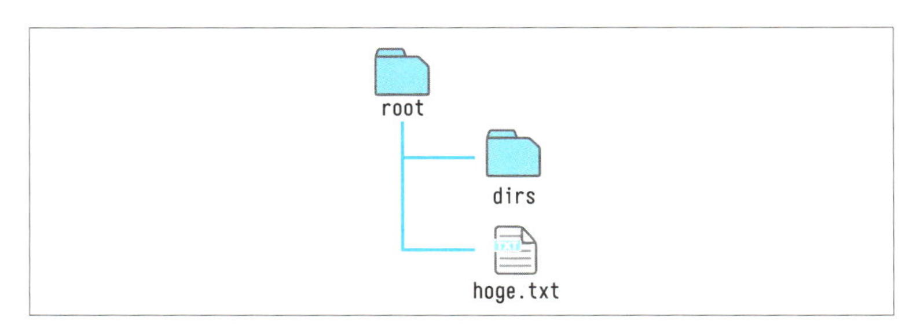

1 git mvコマンドを実行しパスの変更を行う

git mvコマンドを実行します。例の場合、git mv dirs/hoge.txt hoge.txtのように実行します。その後git statusコマンドを実行すると以下のような状態になります。

```
$ git status
On branch master
Changes to be committed:
  (use "git reset HEAD <file>..." to unstage)

        renamed:    dirs/hoge.txt -> hoge.txt
```

「renamed:」と記載された行の後に、git mvコマンドを行ったファイル名が表示されます。今回はdirs/hoge.txtファイルがhoge.txtに変更されたことがわかります。

2 git commitコマンドで、Commitメッセージと共にCommitを記録する

git mvコマンドによる変更は既にStagingされた状態となっているので、git commitコマンドでCommitを追加します。-mオプションを指定することで、コマンド実行時にCommitメッセージを指定できます。

書式

```
$ git commit -m 'Commitメッセージ'
```

例えば下記のようなコマンドになります。

```
$ git commit -m 'Rename file'
```

Commitの履歴を確認するにはgit logコマンドを使用します。直前のCommitを確認する場合はgit log -1を実行すると直前のCommitの情報のみ見ることができます。コマンドを実行すると、先ほどの変更が加えられていることが確認できます。

```
$ git log -1
commit 9956f428c3f46524001e8ba6fd0fb9ea90db1abd
Author: Yasuharu Sawada <yasuharu519@gmail.com>
Date:   Mon Mar 5 23:33:57 2018 +0900

    Rename file
```

Web ファイルパスを変更する

1 ファイルのエディット画面に移動する

右上の鉛筆アイコンをクリックし、ファイルのエディット画面に移動します。

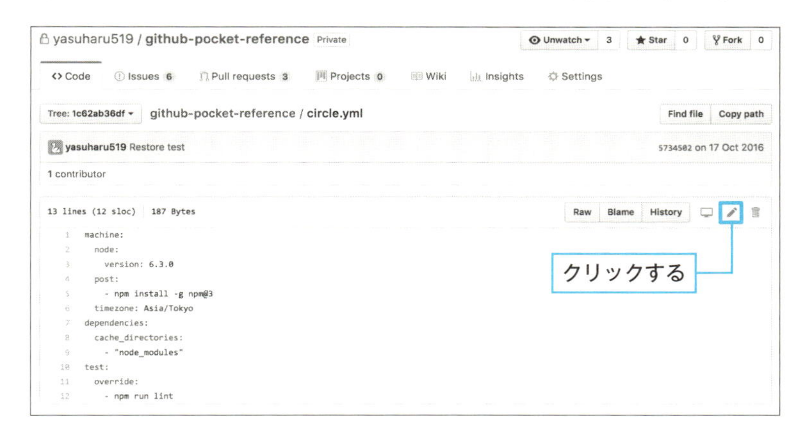

2 ファイル名のフィールドでパスを変更する

1つ上の階層に移動したい場合は、「../」を入力するか Back space を押します。

また、別のディレクトリ配下にパスを変更する場合は、ディレクトリ名を入力し「/」と入力します。まだ作成されていないディレクトリの場合は、新しくディレクトリが作成されます。

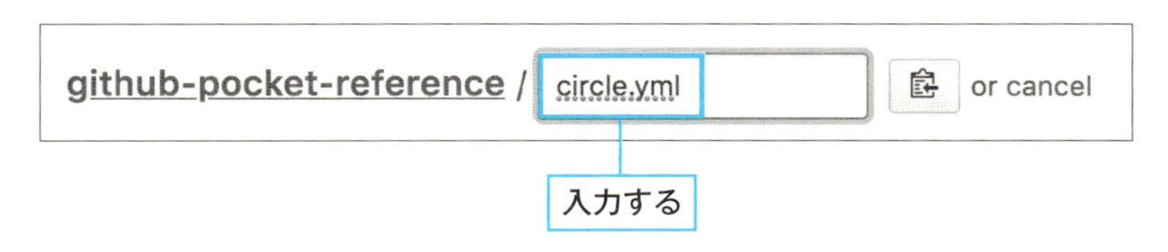

3 Commitメッセージを書いて保存する

画面下の「Commit new file」で、上の入力欄には簡潔なCommitメッセージ、下の入力欄には詳細な内容を記述しして「Commit new file」をクリックします。

▶参考

git pushに失敗する場合に対応する

リモートリポジトリに変更を反映させるため、git pushコマンドを行ったときにコマンド実行後に以下のようなエラーが出てしまうことがあります。

```
$ git push origin master
To https://github.com/USERNAME/REPOSITORY.git
 ! [rejected]        master -> master (non-fast-forward)
```

これはローカルで作業を行っている間に、他の作業者が変更を加えて、すでにgit pushコマンドでリモートリポジトリのブランチに反映を行った場合などに発生します。ローカルのブランチとリモートリポジトリのブランチでConflictが起きており、Gitでは自動的にConflictが解消できないためgit pushがRejectされてしまいます。

この問題を解決するには、改めて他の作業者の変更取り込んでConflictを解消してから改めてgit pushコマンドを行うことで解決することができます。

```
$ git fetch origin ........................ リモートブランチの変更を取得
$ git merge origin/master ................. リモートブランチをMerge
$ git push origin master .................. 再度ブランチのPush
```

上記手順でリモートブランチに入った変更をMergeした状態となり、git pushコマンドが成功します。

ブランチを作成する

git branchコマンド、git checkoutコマンドから新しくブランチを作成できます。

ブランチとは

ブランチとは、日本語では「枝」や「分岐」という意味になります。

開発の本流から分岐し、本流に影響を与えない形で独自の変更を加え、記録し新しい機能の追加を試したりバグの修正を試すことができます。

またある程度変更がまとまった後、そのブランチでの変更を本流に加える(Merge、マージ)ことも可能です。

git init コマンドにてGitリポジトリを作成した際も、実はデフォルトでmasterと呼ばれるブランチが作成されています。

基本的にはブランチを選択し、そのブランチに対してCommitを追加していきます。

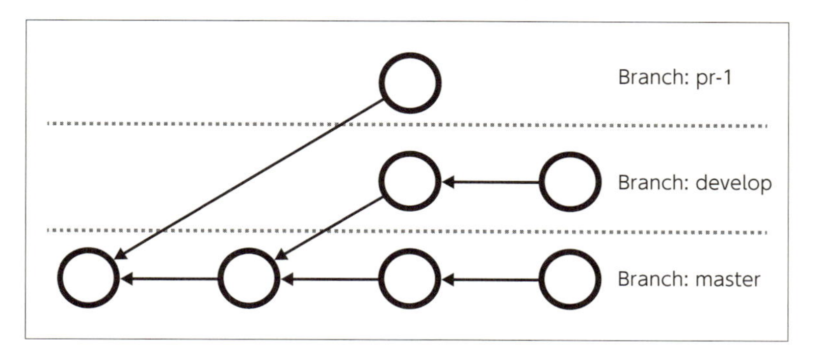

git branch コマンド

現在のブランチの情報を知るためには、git branchコマンドを実行します。

以下では git initコマンドを実行し、Commitを追加したあとに、git branchコマンドを実行しています（ブランチにCommitが1つもない状態だとブランチが表示されないため）。

```
$ git init ·········································· Git リポジトリの作成
$ touch sample.txt ·································· サンプルファイルの作成
$ git add sample.txt ································ サンプルファイルの Staging
$ git commit -m "Added sample.txt" ·················· Commit の追加
$ git branch ········································ ブランチの情報の表示
* master
```

git branch コマンドでは現在のリポジトリ内のブランチの一覧が表示されます。また、現在使用しているブランチに「*」マークがついて表示されます。より詳細な情報が表示され、各ブランチの最新Commit情報も一緒に表示されます。

書式

```
$ git branch -v
```

新しいブランチを作成したい場合、以下のように実行することで、現在のブランチから分岐した新しいブランチを作成することが可能です。

書式

```
$ git branch ブランチ名
```

また、指定のブランチから新しくブランチを分岐させたい場合は、分岐元となるブランチを指定します。

書式

```
$ git branch 新しいブランチ名 分岐元のブランチ名
```

git branchコマンドはローカルのリポジトリにブランチが作成されるだけですので、GitHubに作成したブランチを反映させ、他の人にもそのブランチを使用してもらう場合などはリモートに反映される必要があります。

以下のように、git pushコマンドを実行して、ブランチ情報をリモートリポジトリに反映させましょう。

書式

```
$ git branch 新しいブランチ名
```

```
$ git push origin 新しいブランチ名
```


ブランチの移動

ブランチを作成したとして、現在のブランチから別のブランチに移動したい時はgit checkoutコマンドを使用します。

書式

```
$ git checkout 移動したいブランチ名
```

ブランチを移動するとワーキングディレクトリもそのブランチの内容にアップデートされます。

ブランチを作成して切り替えることで、開発中や調査中の段階のコードを行き来することが簡単に実現できます。git branch コマンドでブランチを作成し、git checkoutコマンドでブランチの切り替えを行うため、新しいブランチを作成してそちらに移動するには、以下のように2つのコマンドを実行する必要があります。

書式

```
$ git branch 新しいブランチ名
$ git checkout 新しいブランチ名
```

これと同じ動作を、git checkoutコマンドに-bオプションを付けて実行できます。

書式

```
$ git checkout -b 新しいブランチ名
```

コマンド 新しくブランチを作成する

1 新規ブランチを作成する

git branchコマンドを実行して、新しいブランチを作成します。

```
$ git branch github-pokeri
```

2 1で作成したブランチをリモートリポジトリに反映させる

1で新規作成したブランチをGitHubなどのリモートリポジトリに反映させます。

```
$ git push origin github-pokeri
```

Web　Web上から新しくブランチを作成する

GitHub上からもブランチの作成が可能です。この場合はリモートリポジトリにのみブランチが作成されるため、リモートリポジトリのブランチをローカルに反映させる必要があります。

1 ブランチのセレクトボタンをクリックする

ここでは、現在あるブランチの一覧が表示されますが、新しく作成するブランチ名を選択します。「Create branch: 入力したブランチ名」と表示されるため、これをクリックします。

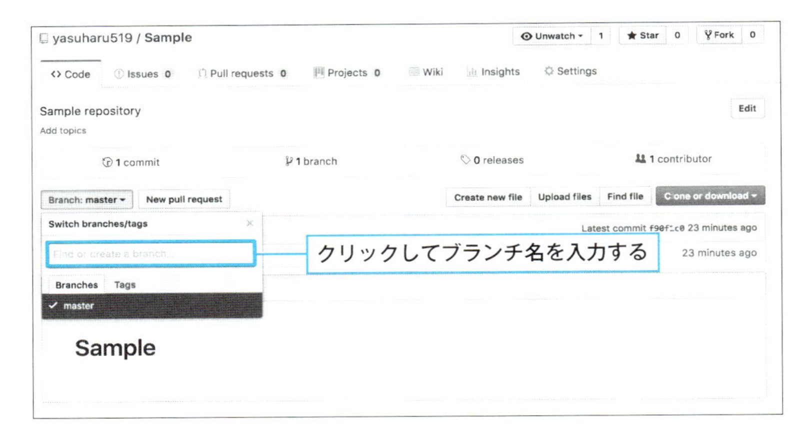

ブランチが作成されると、「Branch created」の表示と共に、現在選択しているブランチも新しく作成したブランチに切り替わります。

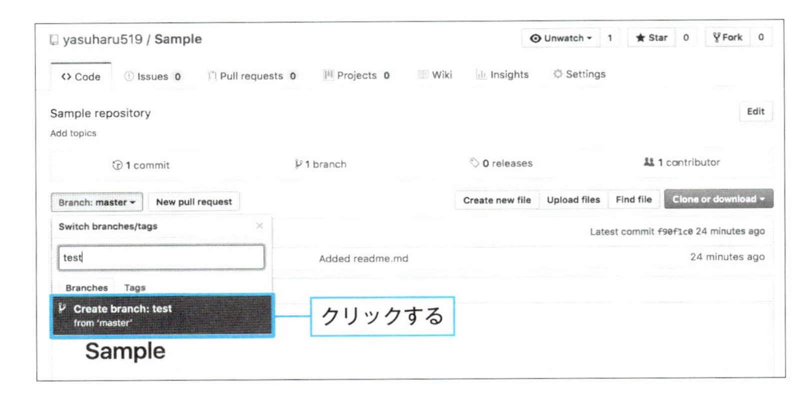

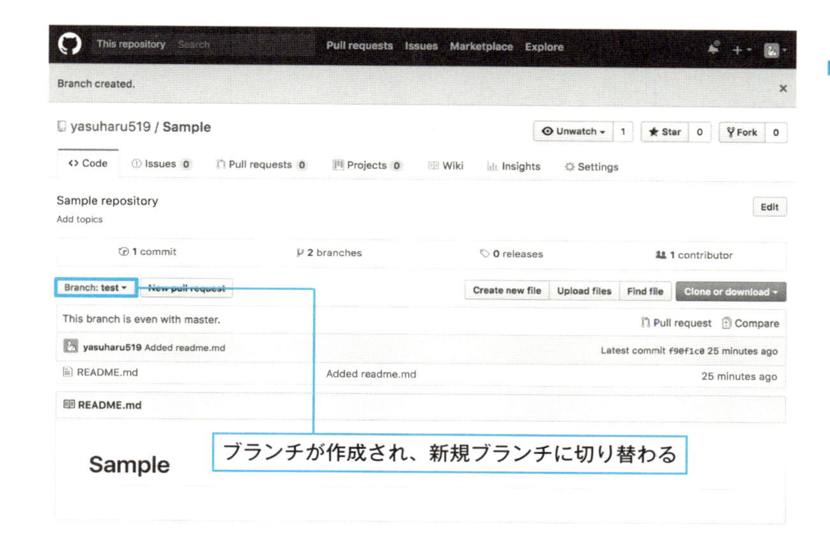

2 リモートリポジトリのブランチをローカルリポジトリに反映させる

git checkoutコマンドを実行し、リモートリポジトリのブランチをローカルリポジトリに反映させることができます。デフォルトではリモートリポジトリの名前はoriginとなっており、originのブランチをローカルリポジトリに反映する場合は以下のようなコマンドを実行します。

```
$ git fetch origin
$ git checkout -b ブランチ名 origin/ブランチ名
```

ブランチを削除する

ローカルブランチを削除する際は、git branch -dもしくはgit branch -Dを使用します。

ブランチの削除

ブランチは新しい変更を加える際などに便利ですが、masterブランチへMergeしたあとなどで、不要になったブランチは削除しておきましょう。

ローカルブランチを削除する

ローカルリポジトリのブランチを削除する場合はgit branch -dを使用します。

書式

```
$ git branch -d ブランチ名
```

ただし、このコマンドでは現在選択しているブランチは削除できません。またMergeされていないブランチを削除する場合は、以下のようなエラーが表示されます。

```
$ git branch -d ブランチ名
error: The branch 'test' is not fully merged.
If you are sure you want to delete it, run 'git branch -D ブランチ名'.
```

この場合は以下のように実行すると削除可能になります。

書式

```
$ git branch -D ブランチ名
```

git pushコマンドでリモートブランチを削除する

GitHubなどリモートリポジトリにあるブランチを削除する場合、git pushコマンドを使います。以下のように実行すると、リモートリポジトリのブランチを削除することが可能です。

書式

```
$ git push --delete origin 削除したいブランチ名
```


コマンド ブランチを削除する

ローカルリポジトリ上のブランチの削除を行ったあと、コマンドラインからGitHubのブランチの削除を行います。ここでは、「test」ブランチを削除する場合を解説します。

1 ローカルリポジトリのブランチを削除する

git branchコマンドでローカルリポジトリのブランチを削除します。

```
$ git branch -d test
```

なお、Mergeが済んでいないCommitがある場合は、このコマンドでは削除できません。削除しても問題ない場合は、以下のコマンドを実行します。

```
$ git branch -D test
```

2 git pushコマンドでリモートリポジトリのブランチを削除する

git pushコマンドでリモートリポジトリのブランチを削除します。このコマンドでGitHub上のブランチについても削除が可能です

```
$ git push --delete origin test
```

Web ブランチを削除する

1 GitHub上のブランチを削除する

「branches」ボタンをクリックすることで、Branchページに移動します。

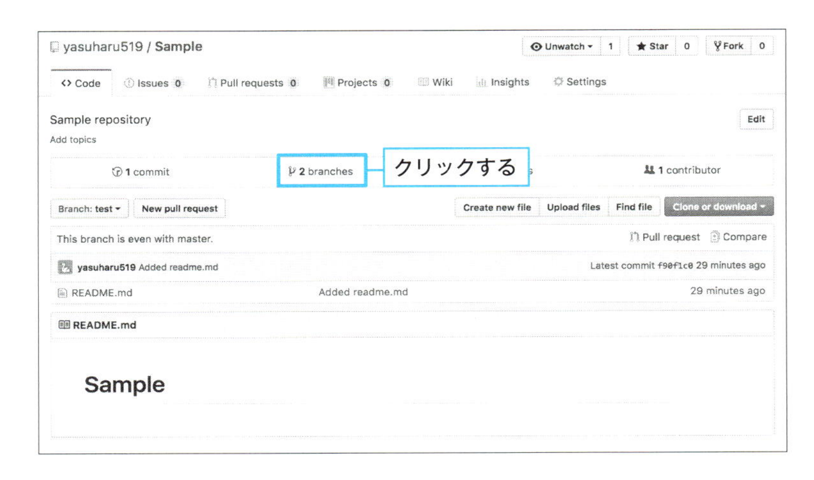

「All branches」ボタンをクリックすると、そのリポジトリ内のすべてのブランチ一覧が表示されます。

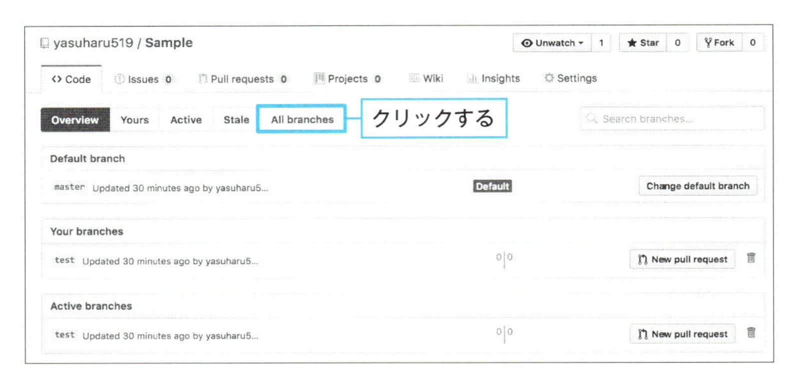

「Branch」ページでは、各ブランチがDefaultブランチとどれくらい差分があるのか、PRの状態などが表示されています。右側にゴミ箱アイコンが表示されているので、そちらをクリックすることでブランチの削除ができます。

誤って消してしまった場合は、「Restore」ボタンをクリックすると、再度ブランチの復元が可能です。

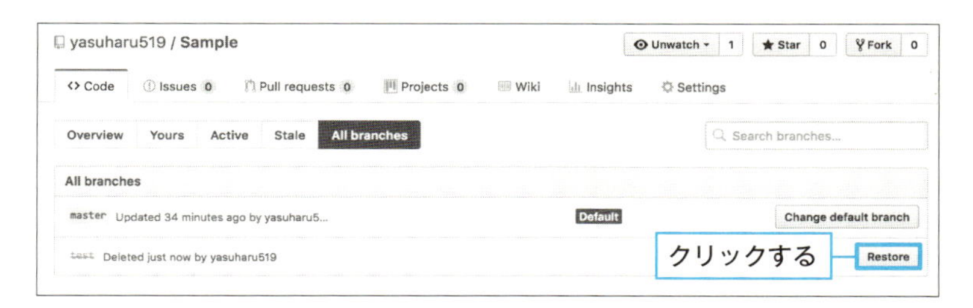

2 ローカルブランチを削除する

この方法ではGitHubのリモート上でのブランチが削除されるだけです。ローカルリポジトリにも削除したいブランチがある場合は、それも削除する必要があります。git branchコマンドでローカルリポジトリのブランチを削除してください。

書式
```
$ git branch -d ブランチ名
```

Mergeされていない Commitがある場合、上記のコマンドではエラーとなるため、-Dオプションを指定して実行します。

書式
```
$ git branch -D ブランチ名
```

過去の Commit を削除する

git revert コマンドを使う方法と履歴ごとに消す方法があります。

過去の Commit を削除する

過去のCommitを削除するには、以下の2種類の方法があります。

①過去のCommitと反対の内容を追加してCommitする
②削除したいCommitを履歴から完全に削除する

①では、過去のCommitとして加えた変更と反対の内容の変更を追加します。例えば、ある行を追加する変更を行った場合は、その行を削除する変更を行います。逆にある行を削除する変更を行った場合は、その行を追加する変更を行います。この操作を実行するには、git revertコマンドを使用します。反対の内容をCommitするため、履歴上は修正前の状態や修正する変更も残ることになります。

もし履歴から完全に消したい場合は②を実行します。こちらの場合は過去の履歴の内容を書き換える必要があります。そのため複数人で作業している場合、他の作業者も反映するための作業を行う必要があり、影響があるので利用する際には注意が必要です。

通常は修正の記録も残しておいたほうが良いことが多いため、特に理由がない限りはgit revertコマンドを使った①で実行したほうがよいでしょう。

git revert コマンド

git revertコマンドで上記①を実行する場合は、修正したいCommitのCommit ID（Commitハッシュ）を指定します。なお、Commit IDを調べるにはgit logコマンドを使用します。

書式

```
$ git revert Commit ID
```

また以下のように実行すると、直前のCommit内容を削除できます。このHEADは現在のブランチにおける最新のCommitを意味します。

書式

```
$ git reavert HEAD
```

git log コマンド

Commit IDを調べるにはgit logコマンドを使います。実行すると現在のブランチに含まれるCommitの情報が表示されます。この中でcommitで始まる行が各CommitのCommit IDです。

```
$ git log
commit cf558c38039e1724279a5235a51c4a806d7a7fde ·········· Commit ID
Author: Yasuharu Sawada <yasuharu519@gmail.com>
Date:   Fri Apr 20 01:32:56 2018 +0900

    Added sample
```

また--onelineオプションを付けて実行すると、Commit IDとメッセージがワンラインで簡潔に表示されます。

```
$ git log --oneline
cf558c3 Added sample
```

GitのCommit IDは、SHA-1と呼ばれるハッシュ生成アルゴリズムで生成され、40桁にも及ぶIDです。ただしCommit IDを指定する場合は、40桁すべてを入力する必要はありません。というのも、Git内でCommit IDを識別できればよいため、最初の7、8桁を指定しておけば、ほとんど問題にならないためです。

例えば、先ほどの例で出力された「cf558c38039e1724279a5235a51c4a806d7a7fde」でも「cf558c3」でも、同じように実行できます。

git rebase コマンド

ブランチに含まれるCommit履歴を操作する場合は、git rebaseコマンドを使用します。削除したいCommitの1つ前にあるCommitを指定すると、それ以降のCommitについて操作を選択できます。

例えば、git log --onelineの実行結果が以下の場合で考えてみましょう。

```
43a76d5 good commit2
d412321 good commit1
547148c bad commit
```

```
cf558c3 Added sample
```

3行目の「547148c bad commit」を消したい場合、その1つ前のcf558c3を指定し、以下のようにgit rebase -iを実行します。

```
$ git rebase -i cf558c3
```

実行するとエディタが立ち上がり、以下のような内容が表示されます。

```
pick 547148c bad commit
pick d412321 good commit1
pick 43a76d5 good commit2
```

HEADは最新Commitを指しますが、~(チルダ)を使用すると1つ前のCommitを表すことができます。HEAD~は「HEADの一つ前のCommit」を指します。HEAD~{2}のように~{n}を使用してn世代前のCommitを表現することもできます。例えば2つ前のCommitの内容を削除したい場合は、以下のように実行します。

```
$ git revert HEAD~{2}
```

行頭にある「pick」はrebaseコマンドのサブコマンドで、Commitに対する操作を示します。このサブコマンドを変更することで、目的のCommitに対する操作が可能になります。rebaseコマンドの主なサブコマンドを以下に挙げています。

サブコマンド	説明
pick	Commitをそのまま使用する
drop	Commitを削除する
squash	Commitの内容を1つ前のCommitに統合させる
fixup	squashとほぼ同じだが、統合時にCommitメッセージを破棄する
edit	Commit内容を修正する
reword	Commitメッセージを修正する

コマンド 過去のCommitの内容を記録を残しつつ削除する

1 削除したいCommitのCommit IDを調べる

git logコマンドで削除したいCommitのCommit IDを調べます。Commit IDを調べる際は--onelineオプションを使用することをお勧めします。

```
$ git log --oneline
43a76d5 good commit2
```

```
d412321 good commit1
547148c bad commit
cf558c3 Added sample
```

4行目(bad commit)が削除したいCommitである場合は、Commit IDは547148cとなります。

2 git revertコマンドを実行する

Commit ID547148cの内容を削除する場合は、git revertコマンドを実行します。

```
$ git revert 547148c
```

これで指定したCommitと反対の内容を保存するCommitを実行しています。

実行後にエディタが立ち上がりますので、Commitメッセージを入力して保存すれば、削除のための内容がCommitされます。

コマンド 削除したいCommitを履歴から完全に削除する

1 削除したいCommitのCommit IDを調べる

git logコマンドで削除したいCommitのCommit IDを調べます。Commit IDを調べる際は--onelineオプションを使用することをお勧めします。

ここでは、git log --onelineの実行結果が以下であった場合で考えてみましょう。

```
43a76d5 good commit2
d412321 good commit1
547148c bad commit
cf558c3 Added sample
```

2 git rebaseコマンドを実行する

削除したいCommitが「547148c bad commit」の場合、その1つ前のcf558c3を指定してgit rebase -iコマンドを実行します。

```
$ git rebase -i cf558c3
```

実行するとエディタが起動し、以下のような内容の画面が表示されます。

```
pick 547148c bad commit
pick d412321 good commit1
pick 43a76d5 good commit2
```

この画面では、各CommitについてCommitメッセージの編集や、Commitの削除などが可能です。

最初はすべての項目で「pick」になっています。これはCommitをそのまま使用するという意味です。削除したいCommitの「pick」を「drop」に書き換えて保存してエディタを終了します。

正常にコマンドが実行された場合は、以下のように「drop」に書き換えたCommitが削除されたうえで履歴が書き換えられます。

```
$ git log --oneline
e7eb6ff good commit2
a89b8a3 good commit1
cf558c3 Added sample
```

ただし、git rebaseコマンドで履歴を書き換える場合、過去のCommitの内容が書き換えられてしまうため、複数人で使用しているブランチに対して行う場合には注意が必要です。

▶参考

複数人で使用しているブランチをgit rebaseコマンドで書き換える場合の注意

リモートに反映されていないCommitを削除する場合は特に問題になりませんが、既にリモートに反映されたCommitを削除する場合は、その内容をリモートにも反映させる必要があります。

また、強制的に反映させることになるため、Pushを行う際に-fオプションを付けてgit push -fというように実行する必要があります。

さらに、強制的にリモートリポジトリに反映した内容を、同じリポジトリを使用する他のユーザーのローカルリポジトリにも反映してもらう必要があります。

```
$ git fetch origin
$ git reset --hard origin/master
```

ただし、この作業を行った際に誤って必要なCommitを削除してしまう可能性もありますので、複数人で作業しているリポジトリに対してgit rebase - で履歴を削除する操作は基本的にお勧めしません。どうしても必要な場合のみ使用するようにしましょう。

過去の Commit メッセージを修正する

直前のCommitメッセージを修正する場合はgit commit --amend、それより前のCommitメッセージを修正する場合はgit rebaseコマンドを利用します。

直前の Commit メッセージを修正する

過去のCommitメッセージを修正する場合、直前のCommitメッセージを修正するのか、それより前のCommitメッセージを修正するのかによって実行方法が異なります。

直前のCommitメッセージを修正する場合は、git commit --amendを実行します。amendには改正、修正などの意味があります。以下のように実行すると、エディタが再度立ち上がりCommitメッセージを設定できます。好きなメッセージに修正して保存してください。

書式

```
$ git commit --amend
```

2つ以上前の Commit メッセージを修正する

2つ以上前のCommitのCommitメッセージを修正したい場合は、git rebase -iを実行します。例えば、エディタで以下のように表示されたとします。

```
pick 547148c bad message
pick d412321 good message1
pick 43a76d5 good message2
```

pickとなっている部分をrewordに変更して保存すると、対象CommitのCommitメッセージを修正することができます。

コマンド　直前の Commit メッセージを修正する

1 git commit --amend を実行する

git commit --amend を実行するとエディタが立ち上がり、Commitメッセージの修正画面となります。

```
$ git commit --amend
```

この画面でCommitメッセージを変更して保存すれば完了です。

コマンド 2つ以上前の過去のCommitメッセージを修正する場合

1 git logコマンドでCommit情報を確認する

git log --onelineを実行してブランチのCommit情報を表示します。

```
43a76d5 good message2
d412321 good message1
547148c bad message
cf558c3 Added sample
```

ここでは3行目の「547148c bad message」とあるCommitのCommitメッセージを修正するとします。

2 git rebase -iを実行する

1から「547148c bad message」は最新から3つ前のCommitということがわかります。HEAD~3と指定してgit rebase -iを実行します。

```
$ git rebase -i HEAD~3
```

エディタが起動し、以下のように表示されます。

```
pick 547148c bad message
pick d412321 good message1
pick 43a76d5 good message2
```

3 修正したいCommitに対するコマンドを修正する

修正したいCommitの「pick」となっている部分を「reword」に修正します。

```
reword 547148c bad message ……… pick を reword に変更する
pick d412321 good message1
pick 43a76d5 good message2
```

保存すると、各Commitのメッセージ修正画面となりますので、Commitメッセージを修正します。Rebaseを使用した方法の場合、修正したCommit以後のCommit IDも変わってしまうため、複数人で共有しているブランチでは不用意に行わないことをおすすめします。

リポジトリ内に含まれる機密情報を削除する

git filter-branchコマンドで機密情報が含まれたすべての履歴を修正します。

リポジトリ内に含まれる機密情報を削除する

パスワードなど他人に知られてはいけない情報をCommitに混ぜてしまうことも起こり得ます。git rmコマンドやgit revertコマンドで現在の状態を削除することはできますが、過去の履歴は残ったままとなります。完全に削除したい場合は、過去の履歴も含めてCommitを書き換える必要があります。

ただし、複数人で同じリポジトリで作業している場合は、他のユーザーのすべてのローカルリポジトリまで情報を削除することは困難なため、Commit時には機密情報などが含まれていないか、十分確認するようにしましょう。

git filter-branch コマンド

過去のすべてのCommitを対象に情報を削除する場合は、git filter-branchコマンドを実行します。git filter-branchコマンドでは、過去のCommitについて機械的に処理を行い、Commitの書き換えを行います。

BFG Repo-Cleaner の利用

git filter-branchコマンドはオプションなどが複雑で、少し使いづらいコマンドです。より簡単に実行できるツールとして、BFG Repo-Cleaner(https://rtyley.github.io/bfg-repo-cleaner/)があります。Macの場合はHomebrewから以下のようにインストールできます。

```
$ brew install bfg
```

Windowsの場合は、Java 8以上とVisual Studio 2017 C ++ランタイムが必要となります。詳しくはhttps://github.com/wjk/BFG-Windowsを参照してください。

コマンド リポジトリ内に含まれた機密情報を削除する

ここでは、リポジトリ内にpasswords.txtというパスワードが記載されたファイルを誤って入ってしまったため、このファイルを削除する場合の手順を紹介します。

1 git filter-branchコマンドを実行する

以下のようにgit filter-branchコマンドを実行します。たくさんのオプションを指定していますが、本書では詳細を省略します。

実行すると、Gitは過去のすべての履歴についてTagやブランチなども含めてpasswords.txtファイルが削除された状態に強制的に書き換えます。既存のTagも上書きされます。他の名前のファイルを消す場合はコマンドのpasswcrds.txtファイルの部分を消したいファイル名に変えて実行してください。

```
$ git filter-branch --force --index-filter \
  'git rm --cached --ignore-unmatch passwords.txt' \
  --prune-empty --tag-name-filter cat -- --all
```

2 .gitignoreファイルを変更する

再び間違えて追加しないよう、.gitignoreファイルをアップデートしておきます。

```
$ echo "passwords.txt" >> .gitignore
$ git add .gitignore
$ git commit -m "Add passwords.txt to .gitignore"
```

3 リモートリポジトリのブランチに反映する

一度過去の履歴を変更すると、リモートリポジトリには強制的に反映しなければならなくなります。

そこでブランチとTagについて--forceオプションもしくは-fオプションを付け、Pushを実行します。

```
$ git push origin -f --all
$ git push origin -f --tags
```

また、このときに他のユーザーにも、--forceオプションを付けてgit pushコマンドを実行したことを伝え、以下のように強制的に反映したブランチについては、ローカルリポジトリにも反映してもらうようにしてください。

```
$ git fetch origin
$ git reset --hard origin/master
```

コマンド リポジトリ内に含まれる機密情報をbfgコマンドで削除する

リポジトリ内に含まれるpasswords.txtファイルを削除する場合を考えます。

1 Commit履歴を書き換える準備を行う

Commitの過去の履歴をすべて書き換えるため、一度作業を中断し準備を行なったほうが無用なトラブルも少なく済みます。まずは開発者全員のローカルブランチについてGitHubにPushしておくようにしましょう。

2 履歴から除きたいファイルを削除しておく

削除したいファイルについては最新のCommitから削除しておく必要があります。まだ削除していない場合は、BFGの実行時に以下のようなエラーが表示されます。

```
Found 3 objects to protect
Found 3 commit-pointing refs : HEAD, refs/heads/master, refs/heads/test

Protected commits
-----------------

These are your protected commits, and so their contents will NOT be altered:

 * commit b9bcc1ff (protected by 'HEAD') - contains 1 dirty file :
        - passwords.txt (13 B)

WARNING: The dirty content above may be removed from other commits, but as
the *protected* commits still use it, it will STILL exist in your repository.
```

このようなエラーが出た場合は、以下のコマンドを実行して削除しておきましょう。

```
$ git rm passwords.txt
$ git commit -m 'Delete passwords.txt'
```

3 作業用のリポジトリをローカルに作成する

安全のため、現在使用しているローカルリポジトリとは別の場所に新しく作業用のリポジトリを作成します。

以下のコマンドでは~/bfgというディレクトリを作成し、その中に作業用のリポジトリを作成しています。

```
$ mkdir ~/bfg
$ cd ~/bfg
$ git clone --mirror https://github.com/yasuharu519/sample.git
```

4 BFGを実行する

削除したいファイル名を--delete-filesで指定してBFGを実行します。

```
$ cd ~/bfg
$ bfg --delete-files passwords.txt sample.git
```

5 GitHubにpushする

削除が完了した後は、作業用のリポジトリの変更をGitHubにPushします。

```
$ cd ~/bfg/sample.git
$ git push
Counting objects: 10, done.
Delta compression using up to 8 threads.
Compressing objects: 100% (4/4), done.
Writing objects: 100% (10/10), 791 bytes | 0 bytes/s, done.
Total 10 (delta 1), reused 5 (delta 0)
remote: Resolving deltas: 100% (1/1), done.
To git@github.com:yasuharu519/sample.git
 + ba4abcc...c907992 master -> master (forced update)
```

6 改めてgit cloneを行う

履歴の修正が終わった後は、もともと使用していたリポジトリを使用せず、新たにgit cloneを行いましょう。今まで使用していたリポジトリを使用することもできますが、修正した履歴が元に戻ってしまうなどトラブルとなりやすいため、新しくCloneしたほうがよいです。

今後は新しくCloneしたリポジトリを開発用のリポジトリとして使用するようにしましょう。

```
$ git clone https://github.com/yasuharu519/sample.git
```

ファイルを変更したCommit・ユーザーを探す

「Blame」でファイル内の変更を誰が行ったのか、どのCommitで変更されたのかなどの情報を知ることができます。

Blame機能とは

Blame機能とは、指定したファイルの各行に以下のような変更が入ったかどうかを確認できる機能です。

- どのCommitで入った変更か
- どれくらい前に入った変更か
- 誰が加えた変更か

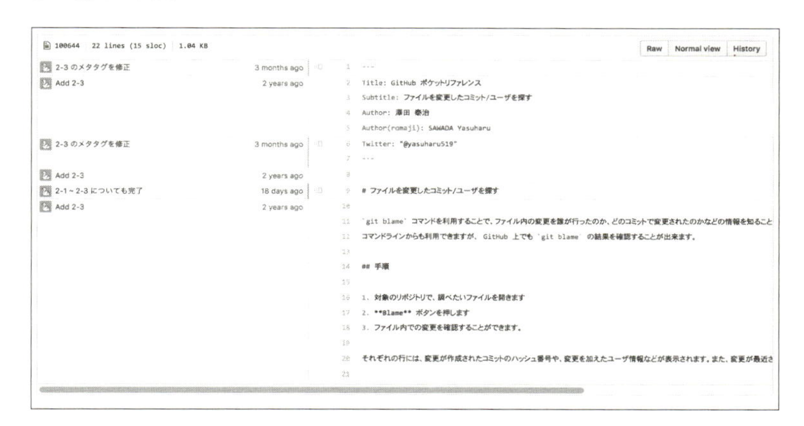

をクリックすると、その行に変更が入る前のバージョンにさかのぼることができ、をクリックしていくと、さらに前の変更にさかのぼります。

Web　ファイルを変更したCommit・ユーザーを探す

1 リポジトリページで確認したいファイルを選択する

ブラウザでリポジトリのページに移動し、確認したいファイルを選択します。

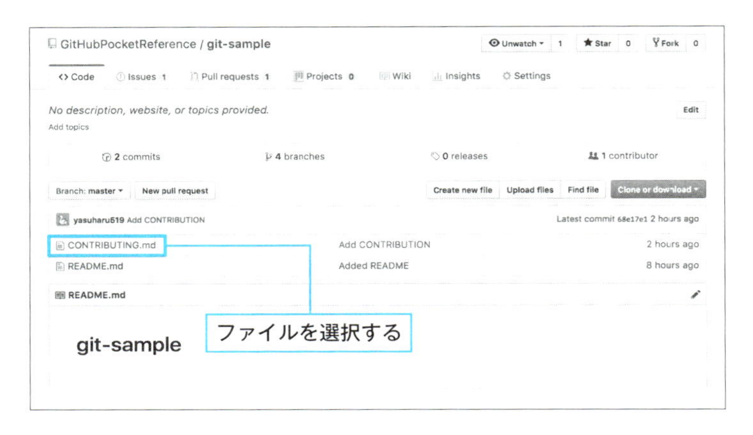

ファイルの詳細ページに遷移し、ファイルの内容が表示されます。

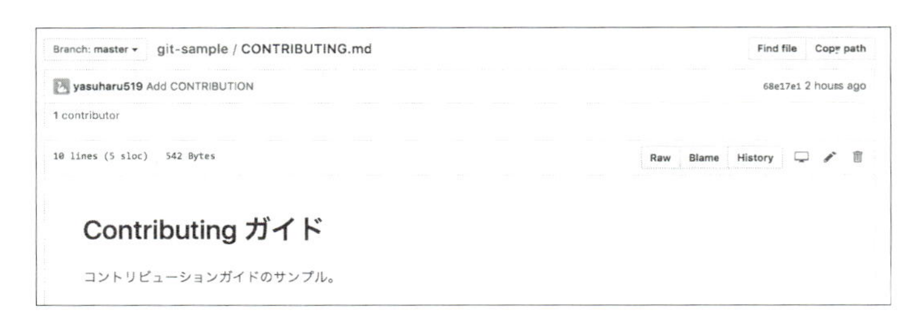

2「Blame」をクリックする

表示されたWebページにある「Raw」「Blame」「History」のうち、「Blame」をクリックします。

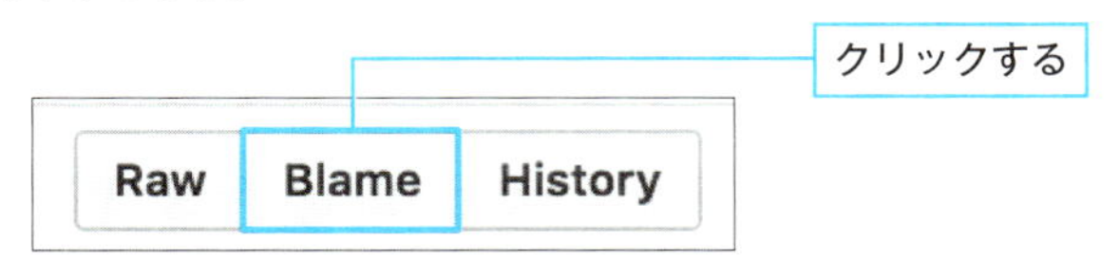

3 ファイルの変更に関連したCommit・ユーザーが各行ごとに表示される

ファイルの変更に関連したCommit・ユーザーが各行ごとに表示されます。変更が作成されたCommit IDや、変更を加えたユーザー情報が行ごとに表示されます。

変更がいつ行われたものかについても、色の濃淡で表現されており視覚的にわかりやすくなっています。

ファイルの変更履歴を確認する

「History」で特定のファイルの変更に関連するCommitのみを表示して、そのファイルの変更履歴を確認できます。

History 機能とは

History機能とは、特定のファイルの変更に関連したCommitのみをフィルタリングし、そのファイルの変更履歴を確認することができます。ファイルの変更履歴を追うことで、どのタイミングでバグが発生したのかなどを確認する場合に有効です。

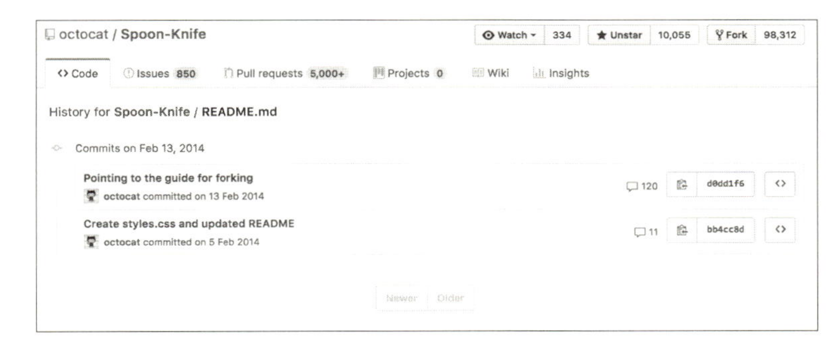

Web ファイルの変更履歴を確認する

1 リポジトリページで確認したいファイルを選択する

ブラウザでリポジトリのページに移動し、確認したいファイルを選択します。ファイルの詳細ページで、ファイルの内容が表示されます。

2「History」をクリックする

表示されたWebページにある「Raw」「Blame」「History」のうち、「History」をクリックします。

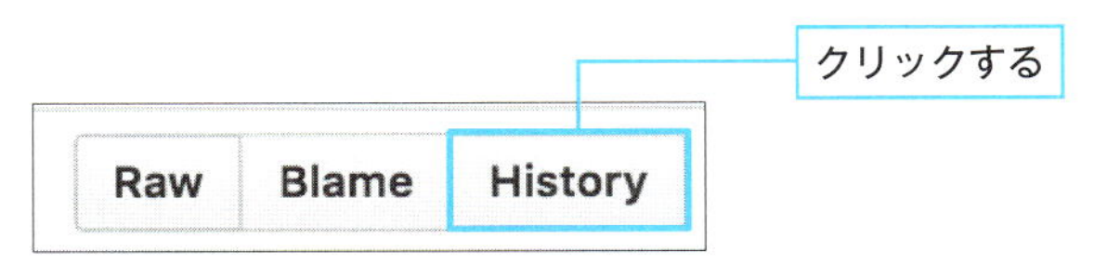

3 変更履歴画面が表示される

②を実行すると、ファイルが変更されたCommitのみを表示した履歴画面が表示されます。以下の図のように、ファイルの変更に関連したCommitのみが表示された履歴画面となります。

Commitをクリックしてその Commitの内容を確認してコメントを残したり、Commit IDをコピーすることが可能です。

ファイルをテキストデータで確認する

「Raw」でファイルの内容をプレーンテキスト形式で確認できます。

マークアップ言語とRawへのリンク

マークアップ言語が書かれたテキストファイルがGitHub上にある場合、プレーンテキスト形式ではなく、レンダリングされた状態で表示されます。例えば、拡張子.md(Markdown形式)のファイルは、スタイルが適用されたHTMLにレンダリングされて表示されます。

対応しているマークアップ言語は、https://github.com/github/markupのリポジトリで管理されています。主なマークアップ言語は以下のとおりです。

ファイル形式	拡張子
Markdown形式	.mdown、.mkdn、.md
Textile形式	.textile
RDoc形式	.rdoc
Org形式	.org
creole形式	.creole
MediaWiki形式	.mediawiki、.wiki
reStructuredtext形式	.rst
AsciiDoc形式	.asciidoc、.adoc、.asc
Plain Old Documentaion形式	.pod

元のテキストファイルをプレーンテキストとして表示したい場合は、ファイルの「Raw」リンクを使用する必要があります。

Web ファイルをテキストデータで確認する

1 リポジトリページで確認したいファイルを選択する

ブラウザでリポジトリのページに移動し、確認したいファイルを選択します。ファイルの詳細ページで、ファイルの内容が表示されます。マークアップ言語で書かれている場合、内容がレンダリングされた状態で表示されます。

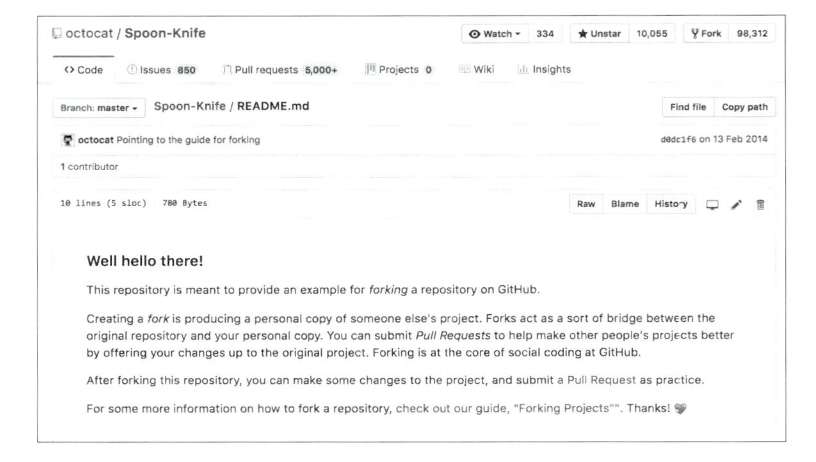

2 「Raw」をクリックする

　表示されたWebページにある「Raw」「Blame」「History」のうち、「Raw」をクリックします。

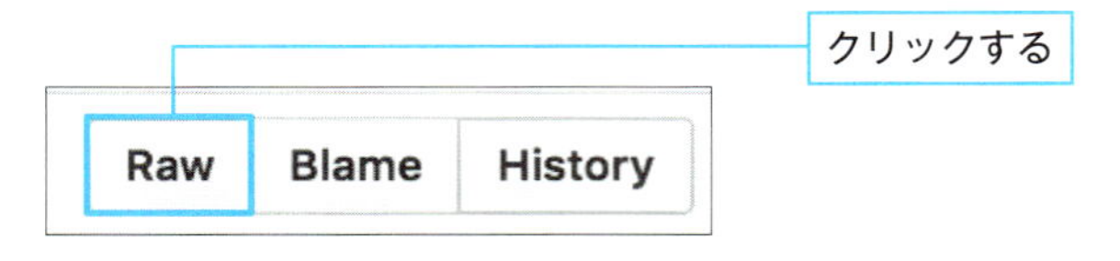

3 プレーンテキストとして表示される

　2を実行すると、選択したファイルの内容がプレーンテキスト形式で表示されます。

```
### Well hello there!

This repository is meant to provide an example for *forking* a repository on GitHub.

Creating a *fork* is producing a personal copy of someone else's project. Forks act as a sort of bridge between the original repository and your personal copy. You can submit *Pull Requests* to help make other people's projects better by offering your changes up to the original project. Forking is at the core of social coding at GitHub.

After forking this repository, you can make some changes to the project, and submit [a Pull Request](https://github.com/octocat/Spoon-Knife/pulls) as practice.

For some more information on how to fork a repository, [check out our guide, "Forking Projects""](http://guides.github.com/overviews/forking/). Thanks! :sparkling_heart:
```

リポジトリを削除する

プロジェクトの設定画面からリポジトリの削除を行うことが可能です。

リポジトリの削除

既に管理しなくなったリポジトリや、必要なくなったリポジトリなど、自分が管理しているリポジトリの削除を行えます。

Forkした後のリポジトリについても、Fork元のリポジトリに影響与えず削除が可能です。必要なくなったリポジトリについては、削除を行って整理するようにしましょう。

削除時の注意事項

一度削除した、リポジトリに関するWikiやコメント、Issueなどは元に戻せません。また以下の点に注意する必要があります。

- プライベートリポジトリを削除すると、Forkしているリポジトリも含めて削除される
- パブリックリポジトリを削除しても、Forkしているリポジトリに影響はない
- プライベートリポジトリを削除してもGitHubの利用プランに変更はない。例えば、すべてのプライベートリポジトリを削除しても、PrivateプランからFreeプランへ自動的に変更されない

Web リポジトリを削除する

1 削除したいリポジトリのページに移動する

GitHubにある削除したいリポジトリのページに移動します。

2 「Settings」タブを選択する

リポジトリ名の下にある「Settings」タブを選択します。

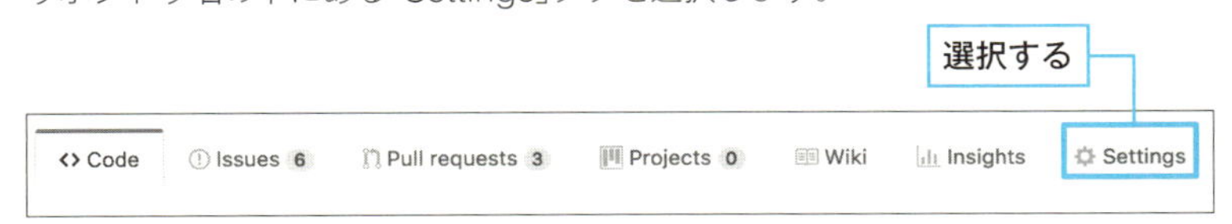

3 「Delete this repository」をクリックする

Settingsページ下にある「DangerZone」の中の「Delete this reposito·y」をクリックします。

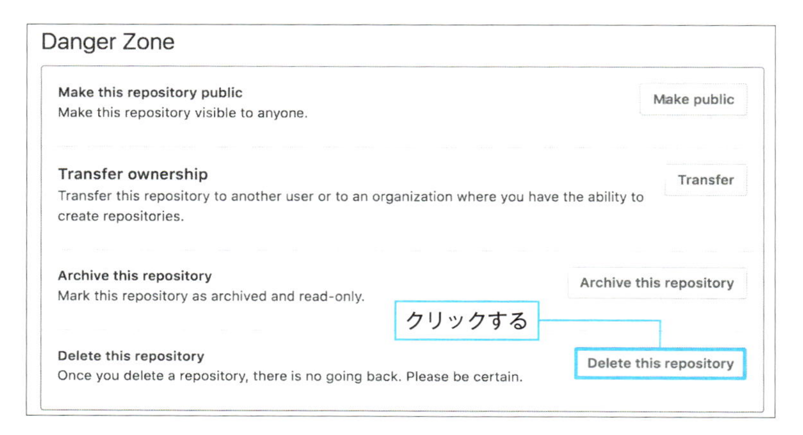

4 リポジトリ名を入力し、「I understand the consequences, delete this repository」をクリックする

「Are you absolutely sure?」と注意事項を記載した画面が表示されます。ここで削除するリポジトリに間違いないかを確認します。

間違いなければ、削除するリポジトリ名を入力します。入力が正しければ「I understand the consequences, delete this repository」がクリックできるようになるので、これをクリックします。

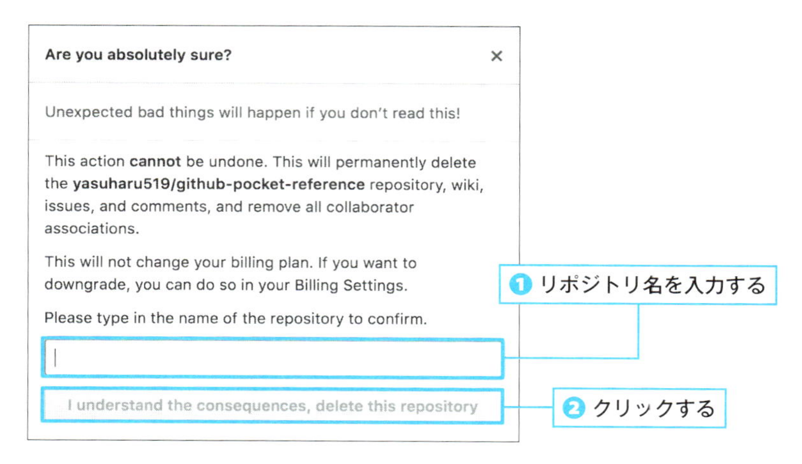

5 パスワードを入力する

パスワードの入力を促されますので、自分のGitHubアカウントのパスワードを入力して、「Confirm password」をクリックします。

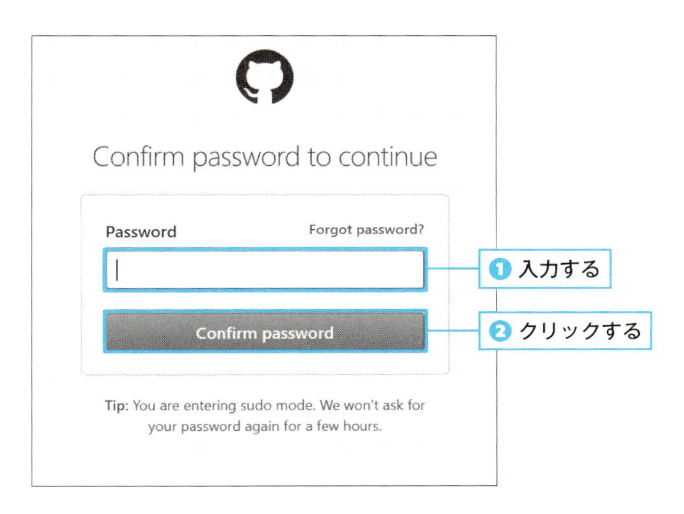

リポジトリをアーカイブする

リポジトリをアーカイブすると、リポジトリが読み取り専用になり、現在アクティブにメンテナンスされていないことを示すことができます。

リポジトリのアーカイブ

リポジトリがすでにメンテナンスされておらず、これ以上更新などを行いたくない場合は、リポジトリをアーカイブします。アーカイブされたリポジトリは読み取り専用になり、以下の作業ができなくなります。

- Issueの作成
- Pull Requestの作成
- Wikiの更新
- Commitの更新

アーカイブされたリポジトリは以下のように帯が表示され、ユーザーからアーカイブされていることがわかるようになります。

Web リポジトリをアーカイブする

1 アーカイブしたいリポジトリのページに移動する

GitHubにあるアーカイブしたいリポジトリのページに移動します。

2「Settings」タブを選択する

リポジトリ名の下にある「Settings」タブを選択します。

3「Archive this repository」をクリックする

Settingsページ下にある「DangerZone」の中の「Archive this repository」をクリックします。

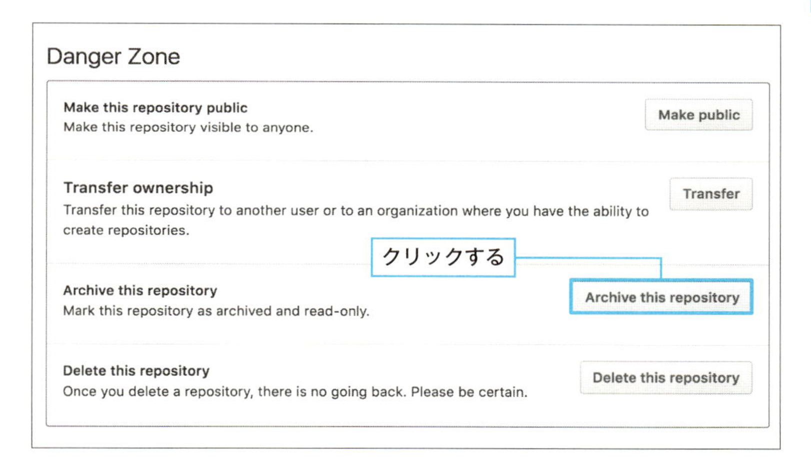

4 リポジトリ名を入力し、「I understand the consequences, archive this repository」をクリックする

「Are you absolutely sure?」と注意事項を記載した画面が表示されます。ここで削除するリポジトリに間違いないかを確認します。

間違いなければ、削除するリポジトリ名(例えば「ghpokeri」であれば、「ghpokeri」)を入力します。入力が正しければ「I understand the consequences, archive this repository.」がクリックできるようになるので、これをクリックします。

▶参考

リポジトリのアーカイブを解除する

アーカイブしたリポジトリを再びアクティブにするには、❸の手順で「Unarchive this repository」をクリックします。

Danger Zone

Make this repository public
Make this repository visible to anyone. [Make public]

Transfer ownership
Transfer this repository to another user or to an organization where you have the ability to create repositories. [Transfer]

Unarchive this repository
Mark this repository as unarchived and read-write. [Unarchive this repository] ← クリックする

Delete this repository
Once you delete a repository, there is no going back. Please be certain. [Delete this repository]

リポジトリを移譲する

自分が管理しているリポジトリを他人に移譲し、リポジトリの所有権を渡すことができます。

リポジトリの移譲

すでにリポジトリを管理しておらず、他のユーザーに管理を任せたい場合、リポジトリの移譲を行います。リポジトリの移譲を行うと、管理権限なども譲り渡すことができ、管理者を変更することができます。

リポジトリ移譲の際の注意事項

リポジトリを移譲する際の注意事項は以下のとおりです。

- Forkしているリポジトリを移譲しても、Fork元のリポジトリに影響はない
- 移譲先アカウントですでに同名のリポジトリが存在する場合は、移譲できない
- リポジトリの移譲を行うと、元の所有者は移譲先のリポジトリのコラボレーターとして追加される
- プライベートリポジトリのForkについては移譲できない

リポジトリの参照先URLを変更する

リポジトリの名前が変更された場合、参照先アドレスも変更となります。そのため、ローカルリポジトリが参照するアドレスも更新する必要があります。

リポジトリの参照先アドレスを変更する場合は、git remote set-urlコマンドを使用します。「origin」の名前で参照しているリポジトリの参照先アドレスを変更する場合は以下のようになります。

書式

```
$ git remote set-url リモートリポジトリ名 リポジトリURL
```

「origin」で参照しているリモートリポジトリをyasuharu519ユーザーのsampleリポジトリを参照するように設定する場合、以下のようなコマンドを実行します。

```
$ git remote set-url origin git@github.com:yasuharu519/sample.git
```

Web リポジトリを移譲する

「Sample」という名前で管理していたリポジトリを他のユーザーに移譲する場合の手順を紹介します。

1 移譲したいリポジトリのページに移動する

GitHubにある移譲したいリポジトリのページに移動します。

2 「Settings」タブを選択する

リポジトリ名の下にある「Settings」タブを選択します。

3 「Transfer」をクリックする

Settings画面の下にある「DangerZone」の中の「Transfer」をクリックします。

Danger Zone

Make this repository public
Make this repository visible to anyone.
Make public

クリックする

Transfer ownership
Transfer this repository to another user or to an organization where you have the ability to create repositories.
Transfer

Archive this repository
Mark this repository as archived and read-only.
Archive this repository

Delete this repository
Once you delete a repository, there is no going back. Please be certain.
Delete this repository

4 リポジトリ名と移譲先のアカウント名を入力し、「I understand, transfer this repository」をクリックする

「Transfer repository」画面が表示されますので、移譲するリポジトリ名(例えば「ghpokeri」であれば、「ghpokeri」)と移譲先のGitHubアカウント名を入力します。入力が正しければ「I understand, transfer this repository」がクリックできるようになるので、これをクリックします。

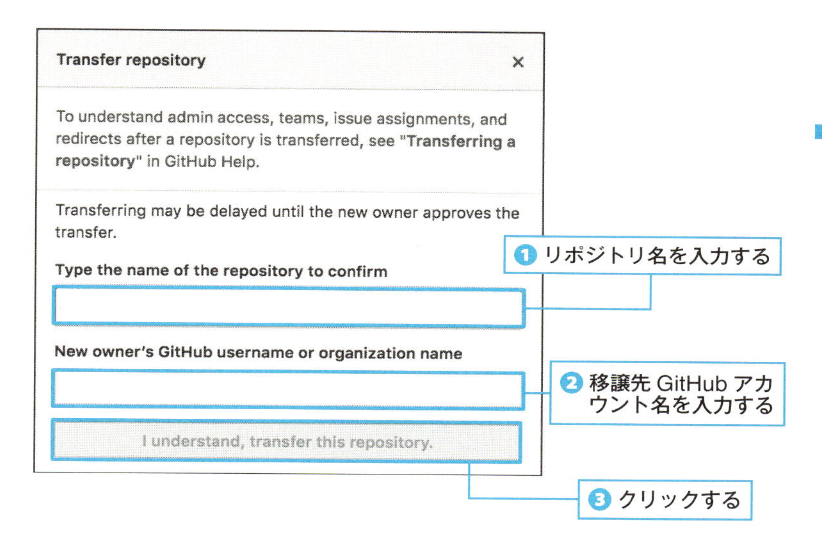

5 移譲先のGitHubアカウントで受け入れる

移譲先のGitHubアカウント宛に移譲を受け入れるかどうかを尋ねるメールが届きます。

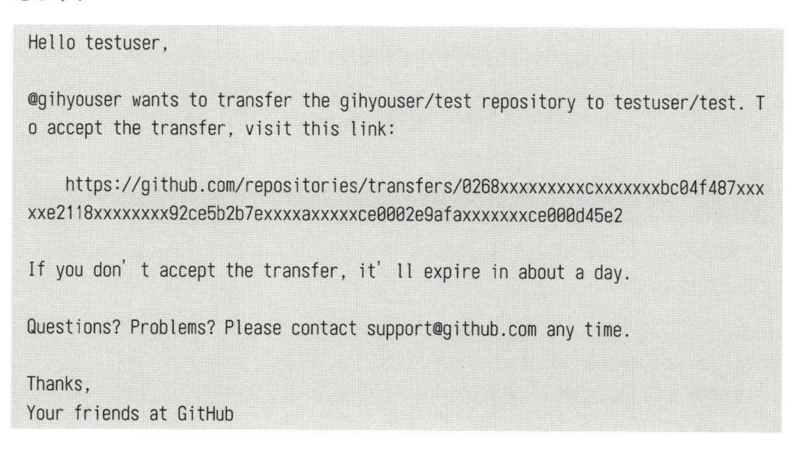

```
Hello testuser,

@gihyouser wants to transfer the gihyouser/test repository to testuser/test. T
o accept the transfer, visit this link:

   https://github.com/repositories/transfers/0268xxxxxxxxxcxxxxxxxbc04f487xxx
xxe2118xxxxxxxx92ce5b2b7exxxxaxxxxxce0002e9afaxxxxxxxxce000d45e2

If you don’t accept the transfer, it’ll expire in about a day.

Questions? Problems? Please contact support@github.com any time.

Thanks,
Your friends at GitHub
```

メール内のURLをクリックすると、リポジトリの移譲が完了します。

6 ローカルリポジトリ設定の更新

git cloneコマンド、git fetchコマンド、git pushコマンドなどを実行すると、移譲後も自動でリダイレクトされます。URLの設定などをややこしくしないため、設定を修正しておくことをお勧めします。

例えば、testuserというユーザーに渡した場合は、以下のコマンドを実行します。

```
$ git remote set-url origin git@github.com:testuser/Sample.git
```

▶参考

リポジトリを移譲する際の注意

リポジトリを移譲した後、GitリポジトリのURLも新しいリポジトリのURLに変更されます。ただ、変更された後も、古いリポジトリURLへのアクセスは自動的に新しいリポジトリのURLにリダイレクトされるようになります。

ただし、GitHubリポジトリごとのGitHub Pagesの場合については、公開されるURLは変更となりますが、移譲後のURLへのリダイレクトは追加されません。そのため、リポジトリの移譲を行った場合GitHub pagesのURLが変わることに注意してください。ドメインを変更したくない場合は、カスタムドメインの利用などを検討してください。

リポジトリの移譲や、リポジトリ名の変更を行った場合、URLのリダイレクト設定は入りますが、手順でも紹介したとおりgit remote set-urlコマンドでのリモートリポジトリURLの変更を行うことをおすすめします。

現在リポジトリに設定されているリモートリポジトリの情報を確認したい場合はgit remote -vコマンドを使用することで確認できます。

書式

```
$ git remote -v
```

実行すると、リモートリポジトリ名とリモートリポジトリに設定されているURLが表示されます。

```
$ git remote -v
origin  ssh://git@github.com/yasuharu519/Sample.git (fetch)
origin  ssh://git@github.com/yasuharu519/Sample.git (push)
```

表示されているリモートリポジトリURLが古いままの場合はgit remote set-urlコマンドで新しいURLに更新しましょう。

リポジトリ名を変更する

自分が管理しているリポジトリは、後からリポジトリ名を変更できます。

リポジトリ名の変更

リポジトリ作成時にリポジトリ名を指定して作成しますが、この際に付けたリポジトリ名をあとから変更することができます。リポジトリ名には、以下の文字種が使用可能です。

- 半角英数字
- ハイフン(-)
- アンダースコア(_)
- ドット(.)

ただし、英字の大文字と小文字は区別されないため、それらの違いだけで同名のリポジトリ名には変更できません。

Web リポジトリ名を変更する

Sampleリポジトリを Renamedリポジトリに名前変更する場合の手順を紹介します。

1 名前を変更したいリポジトリのページに移動する

GitHubにある名前を変更したいリポジトリのページに移動します。

2 「Settings」タブを選択する

リポジトリ名の下にある「Settings」タブを選択します。

3「Repository name」に変更したい名前を入力する

「Repository name」に変更したい名前を入力します。

今回の例では「Renamed」を入力し、「Rename」をクリックすることで、リポジトリ名が変更できます。

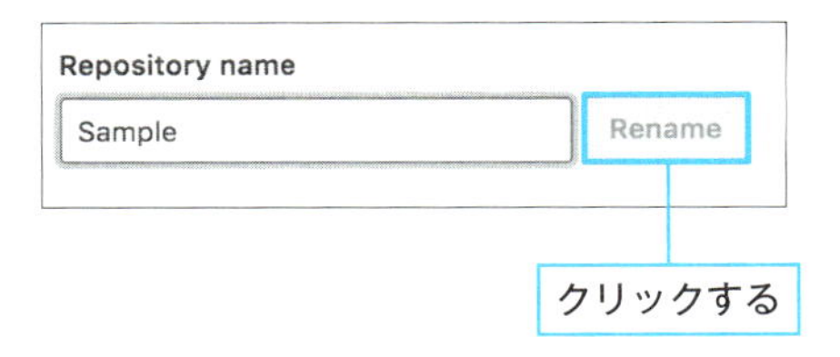

4 ローカルリポジトリ設定の更新

git cloneコマンド、git fetchコマンド、git pushコマンドなどを実行すると、リポジトリ名の変更後も自動でリダイレクトされます。ただ、URLの設定などをややこしくしないためにも設定を修正しておくことをお勧めします。

「Renamed」というリポジトリ名に変更した場合は、git remote set-urlコマンドを以下のように実行します。gitremote set-urlコマンドの書式についてはP.103を参照ください。

```
$ git remote set-url origin git@github.com:testuser/Renamed.git
```

リポジトリの公開範囲を変更する

リポジトリの公開範囲をパブリックとプライベートで切り替えることができます。

パブリックリポジトリとプライベートリポジトリ

パブリックリポジトリとは、一般に公開状態となっているリポジトリで、誰でもリポジトリの中身やWiki、Issueなどを見たり、Clone して使うことができるリポジトリのことです。

一方、プライベートリポジトリとは、リポジトリの所有者と所有者が承認したコラボレーターなどに公開範囲を限定したリポジトリです。公開範囲はリポジトリを作成する際に指定しますが、これを後から変更することができます。

公開範囲をパブリックからプライベートに変更する際の注意事項

プライベートリポジトリは、GitHubの有料プランに入っていないと作成できません。無料プランでGitHubを利用している場合は、事前に利用プランのアップグレードが必要です。

また、パブリックリポジトリでForkが既に存在する場合、そのリポジトリの公開範囲をプライベートに変更してもForkは影響を受けません。Forkはコピーとしてパブリックリポジトリのまま残ります。

公開範囲をプライベートからパブリックに変更する際の注意事項

プライベートリポジトリをパブリックに変更する場合は、過去のCommitも含めてすべてパブリックになります。機微情報が過去のCommitに含まれる場合は、それらも含めて不特定多数のユーザーから見えるようになるため、プライベートリポジトリをパブリックに変更する場合は十分注意してください。

また、パブリックにしたいリポジトリがForkされている場合は、そのリポジトリをパブリックに変更しても、Forkしたリポジトリはプライベートのまま残ります。Forkしたリポジトリの所有者が無料プランの場合は、そのForkしたリポジトリがロック状態となり、ロックを解除するには利用プランのアップデートが必要です。

Web パブリックリポジトリの公開範囲をプライベートに変更する

1 プライベートへ切り替えたいリポジトリのページに移動する

GitHubにあるプライベートへ切り替えたいリポジトリのページに移動します。

2 「Settings」タブを選択する

リポジトリ名の下にある「Settings」タブを選択します。

選択する

<> Code　Issues 6　Pull requests 3　Projects 0　Wiki　Insights　Settings

3 「Make private」をクリックする

Settingsページ下にある「DangerZone」の中の「Make private」をクリックします。

Danger Zone

Make this repository private
Hide this repository from the public.
クリックする
Make private

Transfer ownership
Transfer this repository to another user or to an organization where you have the ability to create repositories.
Transfer

Archive this repository
Mark this repository as archived and read-only.
Archive this repository

Delete this repository
Once you delete a repository, there is no going back. Please be certain.
Delete this repository

4 リポジトリ名を入力し、「I understand, make this repository private.」をクリックする

「Make this repository private」画面でプライベートに切り替えるリポジトリ名(例えば「ghpokeri」であれば、「ghpokeri」)を入力します。入力が正しければ「I understand, make this repository private.」がクリックできるようになるので、これをクリックします。

作業が完了すると、リポジトリ名の横にプライベートリポジトリであることを示す鍵アイコンが表示されるようになります。

Web プライベートリポジトリの公開範囲をパブリックに変更する

1 パブリックへ切り替えたいリポジトリのページに移動する

GitHubにあるパブリックへ切り替えたいリポジトリのページに移動します。

2 「Settings」タブを選択する

リポジトリ名の下にある「Settings」タブを選択します。

選択する

<> Code　Issues 6　Pull requests 3　Projects 0　Wiki　Insights　Settings

3 「Make public」をクリックする

Settingsページ下にある「DangerZone」の中の「Make public」をクリックします。

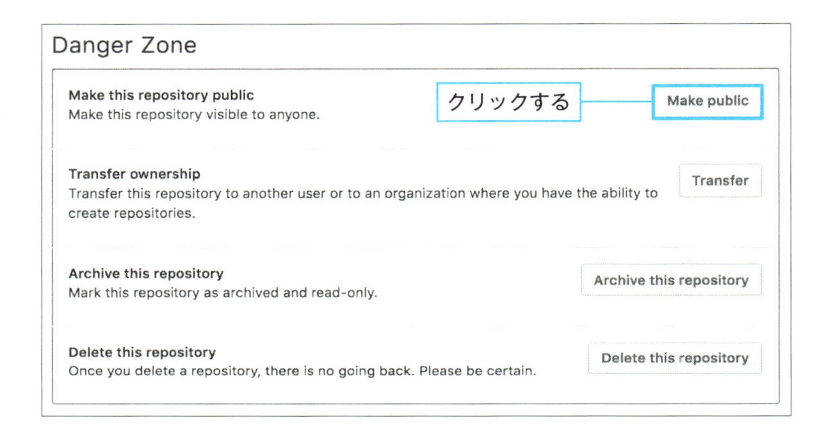

4 リポジトリ名を入力し、「I understand, make this repository public.」をクリックする

「Make this repository public」画面でプライベートに切り替えるリポジトリ名(例えば「ghpokeri」であれば、「ghpokeri」)を入力します。入力が正しければ「I understand, make this repository public.」がクリックできるようになるので、これをクリックします。

作業が完了すると、リポジトリ名の横にあったプライベートリポジトリであることを示していた鍵アイコンが消えています。

リポジトリを Fork する

リポジトリをForkすることで、リポジトリのコピーを作成して独自の変更を加えることが可能となります。

Fork（フォーク）

GitHubで公開されているプロジェクトに独自の変更を加えたい場合、そのプロジェクトのコントリビューターとして登録してもらった上で変更を加えることもできますが、リポジトリをFork（フォーク）して独自の変更を加えていくこともできます。

リポジトリのForkとは他人のリポジトリのコピーを作成することで、「分岐する」という意味から来ています。

通常、OSSとして公開されているプロジェクトにバグを発見した場合や、修正したい部分を発見した場合は、元となるリポジトリをForkしてから変更を加えていきます。

GitHubでPull Requestを送る場合、基本的な流れは以下のとおりです。

①修正したいリポジトリをForkする
②Forkしたリポジトリに対して修正を加える
③Fork元のリポジトリに対してPull Requestを送る

Web リポジトリを Fork する

GitHub が 公 開 し て い る Spoon-Knife（https://github.com/octocat/Spoon-Knife）というリポジトリを例に、Forkする手順を紹介します。

1 Forkするリポジトリのページまで移動する

GitHubにあるForkしたいリポジトリのページに移動します。Spoon-Knifeリポジトリの場合、https://github.com/octocat/Spoon-Knifeとなります。

2 「Fork」をクリックする

プロジェクトページの画面右上に「Fork」をクリックすると、自身のリポジトリとしてForkされます。

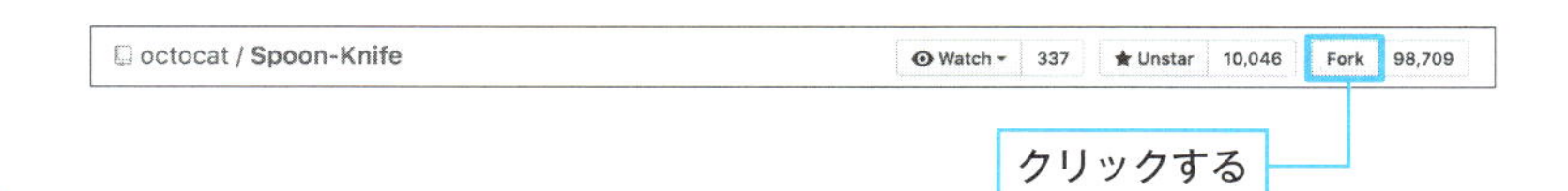

4 Fork後のリポジトリのプロジェクトページに遷移します。「forked from octocat/Spoon-Knife」と表示され、Forkしたリポジトリであることがわかります。

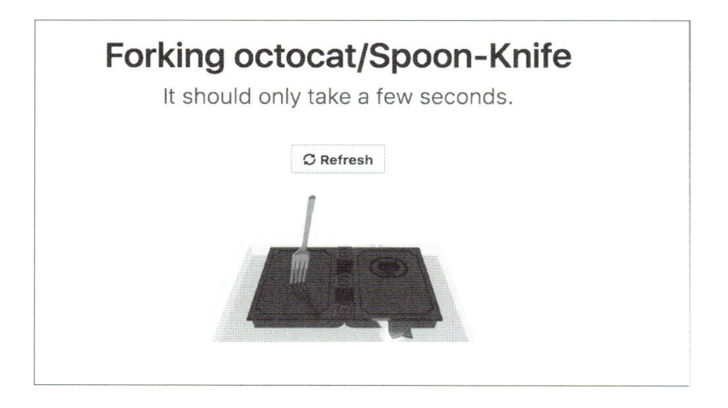

完了すると、自分のGitHubアカウントにSpoon-KnifeリポジトリをForkしてできたリポジトリがあることが確認できます。

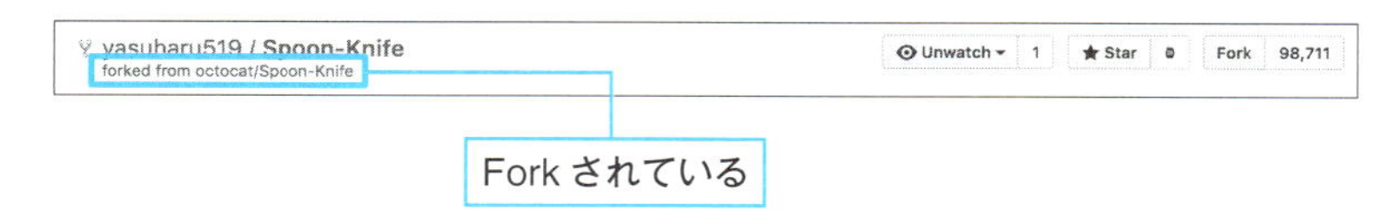

Fork したリポジトリをアップデートする

Fork したリポジトリはFork時点のコピーを作成したものとなります。Fork元のリポジトリの更新に追従する場合は手動で更新する必要があります。

Fork したリポジトリのアップデート

Forkを実行した場合、その時点でのコピーとしてFork先のリポジトリが作成されます。そのため、Fork元のリポジトリに更新があった場合も、Fork先のリポジトリにその変更が自動で反映されません。

Forkしたリポジトリを更新するには、手動による更新作業が必要となります。

git remote コマンド

ローカルリポジトリに設定されたリモートリポジトリの情報を確認したり、設定を行う場合は、git remoteコマンドを実行します。

git remoteコマンドを実行すると、現在設定されているリモートリポジトリの一覧が表示されます。-vオプションを付けて実行すると、URLなどの詳細情報が表示されます。

```
$ git remote
origin
```

```
$ git remote -v
origin  git@github.com:gihyouser/ghpokeri.git (fetch)
origin  git@github.com:gihyouser/ghpokeri.git (push)
```

git remote add コマンド

リモートリポジトリを追加で設定する場合は、git remote addコマンドを実行します。

書式

```
$ git remote add リモートリポジトリ名 リポジトリURL
```

コマンド Fork元の更新をFork後のリポジトリに反映させる

GitHubが公開しているSpoon-Knife(https://github.com/octocat/Spoon-Knife)というリポジトリを例に、Fork後のリポジトリにFork元のmasterブランチの更新を反映する手順を紹介します。

1 リモートリポジトリを確認する

git remote -vで現在のリモートリポジトリの設定を確認します。Spoon-KnifeリポジトリをForkしたリポジトリで実行した場合、以下のようになります。

```
$ git remote -v
origin  git@github.com:yasuharu519/Spoon-Knife.git (fetch)
origin  git@github.com:yasuharu519/Spoon-Knife.git (push)
```

2 リモートリポジトリを追加する

Fork元のリポジトリをリモートリポジトリとして追加します。Spoon-Knifeの場合、git@github.com:octocat/Spoon-Knife.gitとなります。

以下の例では、Fork元のリポジトリをupstreamという名前で追加しています。

```
$ git remote add upstream git@github.com:octocat/Spoon-Knife.git
```

再度git remoteコマンドを実行すると、以下のように表示されます。

```
$ git remote -v
origin   git@github.com:yasuharu519/Spoon-Knife.git (fetch)
origin   git@github.com:yasuharu519/Spoon-Knife.git (push)
upstream git@github.com:octocat/Spoon-Knife.git (fetch)
upstream git@github.com:octocat/Spoon-Knife.git (push)
```

3 リモートリポジトリの情報をfetchする

git fetchコマンドでFork元リポジトリの情報を取得します。

```
$ git fetch upstream
remote: Counting objects: 75, done.
remote: Compressing objects: 100% (53/53), done.
remote: Total 62 (delta 27), reused 44 (delta 9)
Unpacking objects: 100% (62/62), done.
From github.com:octocat/Spoon-Knife
 * [new branch]      master     -> upstream/master
```

4 リモートリポジトリの変更をMergeする

Fork後のmasterブランチにFork元のmasterブランチの更新を取り込みたい場合は、masterブランチにCheck outした後、リモートリポジトリのmasterブランチをMergeします。

まずmasterブランチにCheck outします。

```
$ git checkout master
```

その後、git mergeコマンドでFork元のリポジトリの変更をMergeします。

```
$ git merge upstream/master
Updating a30c19e..d0dd1f6
Fast-forward
 README.md  |  9 +++++++++
 styles.css | 17 +++++++++++++++++
 2 files changed, 26 insertions(+)
 create mode 100644 README.md
 create mode 100644 styles.css
```

5 Fork後のリポジトリに反映させる

Fork元のmasterブランチの更新をMergeした後は、Fork後のリポジトリにも反映させます。git pushコマンドで更新をPushします。

```
$ git push origin master
Total 0 (delta 0), reused 0 (delta 0)
To git@github.com:yasuharu519/Spoon-Knife.git
   a30c19e..d0dd1f6  master -> master
```

ブランチを保護する

ブランチの保護設定を行うと、操作ミスによるブランチの削除や更新などを未然に防ぐことができます。

ブランチの保護

ブランチの保護を設定すると、特定のブランチにおけるforce pushやブランチの削除などの誤操作から守ることができます。複数のコラボレーターで共同作業を行っているリポジトリでは、意図しない操作ミスから守るためにも、masterブランチなどのブランチを保護設定にしておくとよいでしょう。

ブランチの保護を行うと、以下の操作ができなくなります。

- force pushを使った強制的な変更
- ブランチの削除

また、ブランチの保護設定に追加の設定を行うことによって、保護設定の入ったブランチへのPull Request時の挙動として、以下の設定も可能になります。

- 必要なレビュアー数の設定
- ステータスチェックを必須とするか
- 署名付きCommitを必須とするか

Web ブランチの保護設定を行う

masterブランチを保護ブランチとして設定する場合の手順について紹介します。

1 保護設定を行いたいリポジトリのページに移動する

GitHubにある保護設定を行いたいリポジトリのページに移動します。

2 「Settings」タブを選択する

リポジトリ名の下にある「Settings」タブを選択します。

3 「Branches」を選択する

画面左のメニューにある「Branches」を選択します。

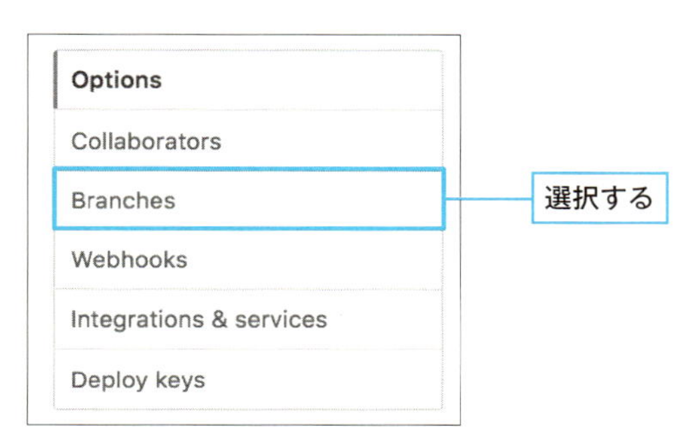

4 保護ルールを追加する

「Branch protection rules」にある「Add rule」をクリックします。

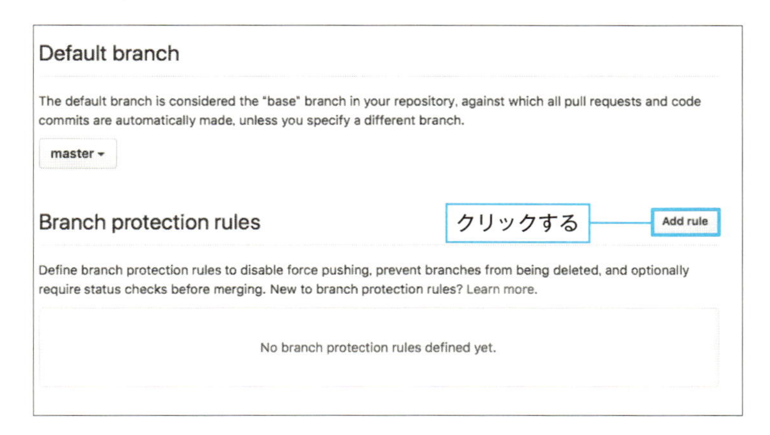

5 保護するブランチ名を入力して保護ルールを設定する

「Apply rule to」には保護したいブランチのパターンを入力します。パターンには「*(ワイルドカード)」も使用でき、例えば「develop/*」と入力すると、ブランチ名が「develop/」から始まるすべてのブランチを対象にすることができます。今回は「master」と入力します。追加の保護設定を行いたい場合は、「Rule settings」で必要なものにチェックを付けて最後に「Create」をクリックします。

選択肢	説明
Require pull request reviews before merging	Mergeする前にPull Requestのレビューが必要となる
Require status checks to pass before merging	Mergeする前にCIなどのステータスのチェックが必要となる
Require signed commits	署名付きCommitである必要がある
Include administrators	Admin権限を持つユーザにもブランチの保護を適用する
Restrict who can push to matching branches	指定したブランチにPushできるユーザを限定する

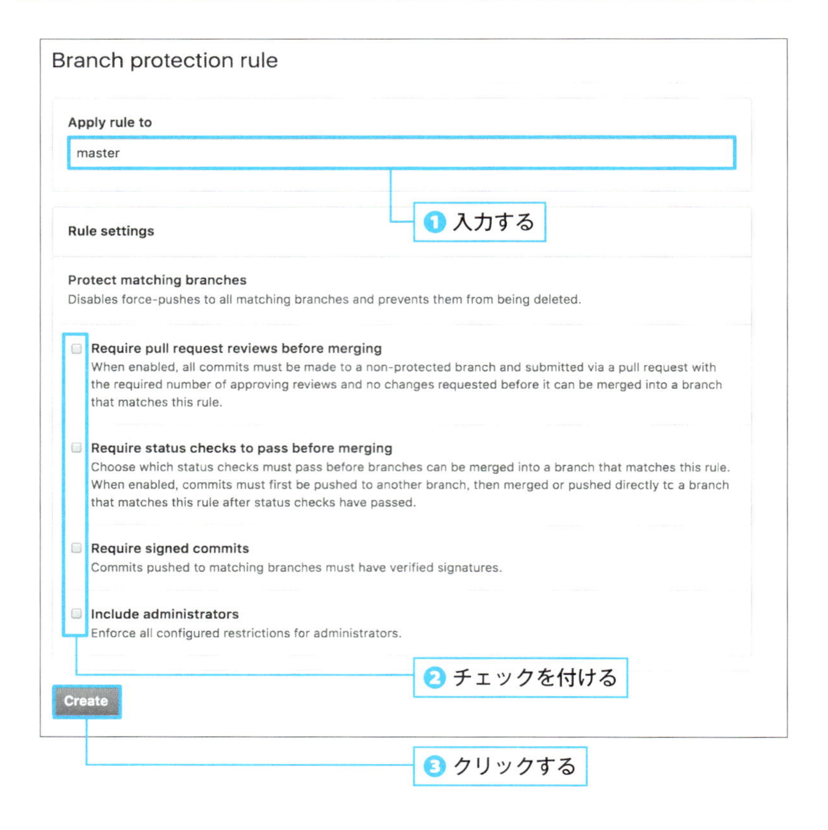

デフォルトブランチを変更する

プロジェクトページにデフォルトで表示されたり、Pull Request作成時に初期設定されるデフォルトブランチを変更できます。

デフォルトブランチとは

デフォルトブランチとして設定されたブランチは、各種設定時にプロジェクトのデフォルトブランチとして振る舞います。また、プロジェクトページではデフォルトで表示され、Pull Requestを作成する際のデフォルトのMerge先としても設定されます。

初期設定では、masterブランチがデフォルトブランチとなっていますが、別のブランチに変更することもできます。

Web デフォルトブランチを変更する

すでにdevelopブランチがある前提で、デフォルトブランチをmasterからdevelopブランチに変更する例を紹介します。

1 デフォルトブランチを変更するリポジトリのページに移動する

GitHubにあるデフォルトブランチを変更したいリポジトリのページに移動します。

2 「Settings」タブを選択する

リポジトリ名の下にある「Settings」タブを選択します。

3 「Branches」を選択する

画面左のメニューにある「Branches」を選択します。

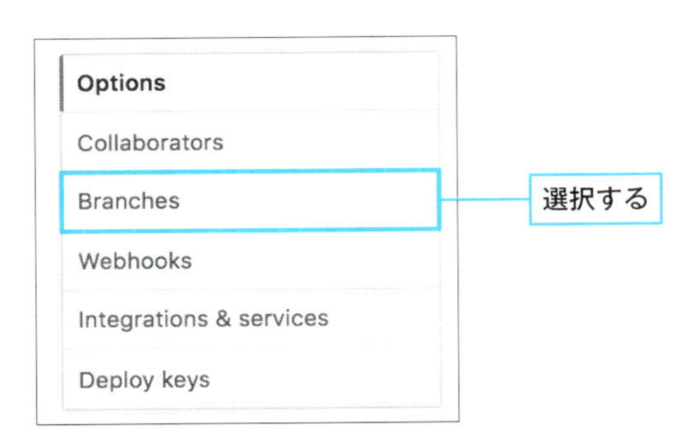

■4 新しいデフォルトブランチを選択する

「Default branch」に、現在のデフォルトブランチが表示されています。「master」をクリックするとブランチ一覧が表示されますので、「develop」ブランチを選択して、「Update」をクリックします。

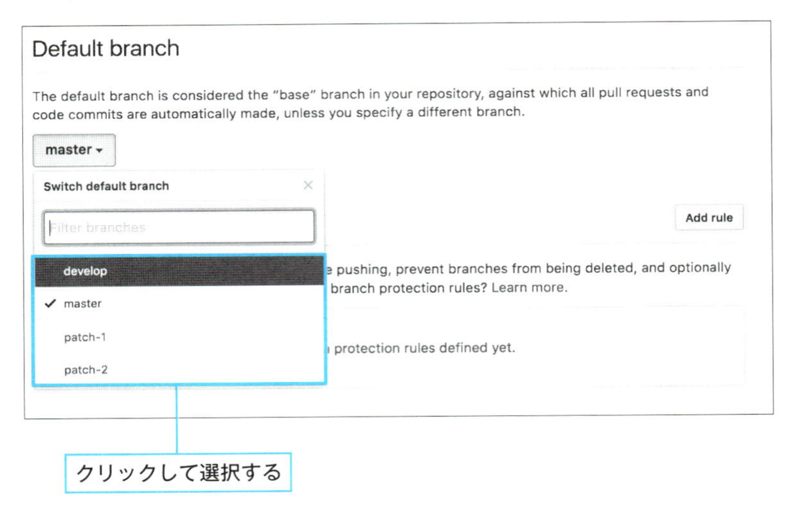

コラボレーターを追加・削除する

コラボレーターの設定を行うことでリポジトリへのコミット権などを特定のユーザーに与えることができます。

コラボレーター

コラボレーターとは、リポジトリの所有者以外でリポジトリに対して変更などを行える権限を持つユーザーのことです。リポジトリの所有者が特定のユーザーを招待し、その招待を承認するとコラボレーターになります。

コラボレーターは、リポジトリの所有者と同様に、git pushコマンドなどの操作を直接行うことが可能となります。

Web　コラボレーターを追加する

自分の保有するリポジトリに他のユーザーを追加する手順を紹介します。

1 コラボレーター設定を行いたいリポジトリのページに移動する

GitHub上のコラボレーター設定を行いたいリポジトリのページに移動します。

2 「Settings」タブを選択する

リポジトリ名の下にある「Settings」タブを選択します。

3 「Collaborators」を選択する

画面左のメニューにある「Collaborators」を選択します。

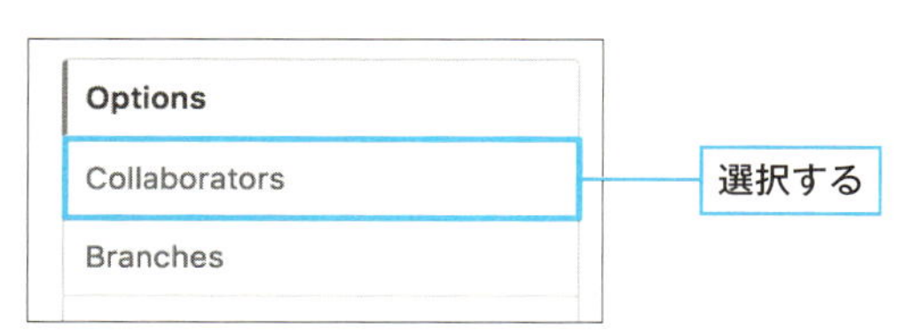

4 招待したいユーザーを追加する

自分のGitHubアカウントのパスワードが要求されますので入力します。

「Collaborators」画面にある「Search by username, full name or email address」にある入力欄に招待したいGitHubアカウントを入力します。

入力した文字列に合致したユーザーがドロップダウンメニューにユーザーが表示されますので、その中で目的のユーザーを選択して追加し、「Add collaborator」をクリックします。

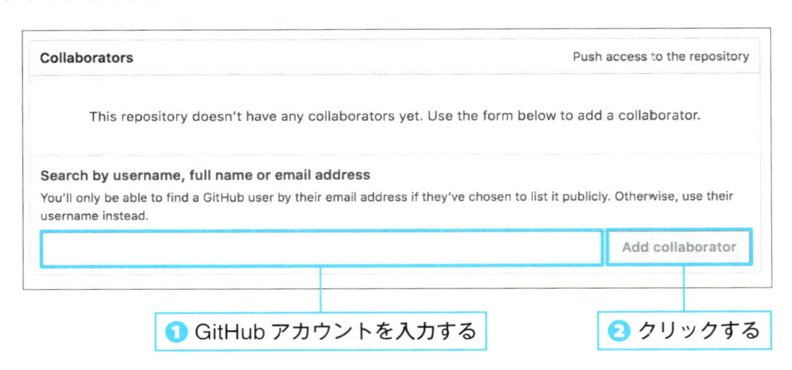

5 招待されたユーザーが承認する

招待されたユーザーには、登録したメールアドレスにメールが届きます。メール内の「Visit invitation」をクリックし、「Accept invitation」をクリックするとコラボレーターとして登録されます。

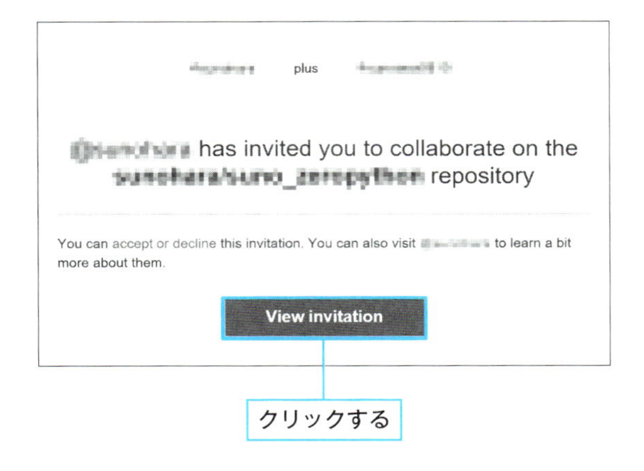

Web コラボレーターを削除する

すでにコラボレーターとして登録されているユーザーをコラボレーターから削除する手順について紹介します。

1 コラボレーターを削除したいリポジトリのページに移動する

GitHubにあるコラボレーターを削除したいリポジトリのページに移動します。

2 「Settings」タブを選択する

リポジトリ名の下にある「Settings」タブを選択します。

3 「Collaborators」を選択する

画面左のメニューにある「Collaborators」を選択します。

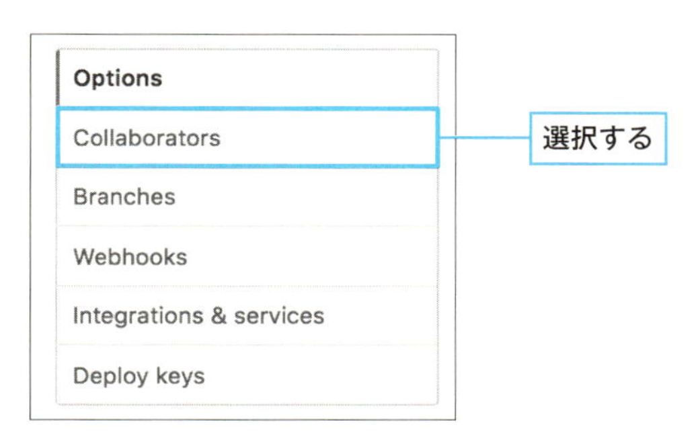

4 削除したいコラボレーターを選択する

「Collaborators」画面には、コラボレーターとして登録されているユーザーが一覧表示されています。削除したいコラボレーターの右側にある「X」をクリックします。

Collaborators　Push access to the repository
jigsaw
e-jigsaw
×
クリックする

リポジトリのライセンスを設定する

リポジトリのライセンスを設定することで、リポジトリのライセンスを明示することができます。

ソフトウェアライセンス

GitHubで公開されているリポジトリについてパブリックなものはそのソフトウェアのソースを見ることができますが、そのプログラムの利用や変更についてはある一定の条件が設定されていることがあります。ソフトウェアの使用・複製・改変・再頒布など遵守すべき事項をまとめたものはソフトウェアライセンスと呼ばれています。

OSSのソフトウェアライセンスの代表的なものとして、以下のものがあります。

- Apache License
- GPL(GNU General Public License)
- MIT License

chooselicense.com(https://choosealicense.com/)というサイトでは代表的なライセンスをわかりやすく紹介しています。また、Appendix(https://choosealicense.com/appendix/)として各ライセンスの比較表も提供しています。

ソフトウェアライセンスとして何を選択すべきかわからない場合はこちらのサイトを参考にしてみてください。

GitHubでのリポジトリのライセンス設定について

GitHubのプロジェクトのルートディレクトリに以下のいずれかのファイルを作成し、ライセンスをそのファイルに明記することでリポジトリのライセンス設定が可能です。

- LICENSE
- LICENSE.txt
- LICENSE.md

hubotio/hubot is licensed under the
MIT License

A short and simple permissive license with conditions only requiring preservation of copyright and license notices. Licensed works, modifications, and larger works may be distributed under different terms and without source code.

Permissions	Limitations	Conditions
✓ Commercial use	✕ Liability	ⓘ License and copyright notice
✓ Modification	✕ Warranty	
✓ Distribution		
✓ Private use		

This is not legal advice. Learn more about repository licenses.

ライセンスファイルをGitHub上で開くと、上記のように内容がわかりやすく表示されます。

Web リポジトリのライセンスを設定する

すでに存在しているリポジトリのmasterブランチに対し、ライセンス設定を追加する手順を紹介します。

1 ライセンスを設定したいリポジトリのプロジェクトページに移動する

ライセンスを設定したいリポジトリのプロジェクトページまで移動します。

2 「Create new file」をクリックする

「Create new file」をクリックすると、ファイル作成画面に遷移します。

3 ファイル名に「LICENSE」と入力する

リポジトリ名の後にファイル名の入力欄がありますので「LICENSE」と入力します。

4 「Choose a license template」をクリックする

③が完了すると、画面右に「Choose a license template」ボタンが現れます。これをクリックすると、ライセンス一覧が表示されます。

Add a license to your project

- Apache License 2.0
- GNU General Public License v3.0
- MIT License
- BSD 2-Clause "Simplified" License
- BSD 3-Clause "New" or "Revised" License
- Eclipse Public License 2.0
- GNU Affero General Public License v3.0
- GNU General Public License v2.0

Choose a license to add to your project

Select a template on the left to get started.
Learn more about which license best fits your project.

5 ライセンスを選択し、「Review and submit」をクリックする

ライセンスを選択すると、選択したライセンスの文面とその要約が画面に表示されます。間違いないか確認し、「Review and submit」をクリックします。選択が間違っていた場合は、「Choose a license template」をクリックすると、再度ライセンス選択画面に戻ることができます。

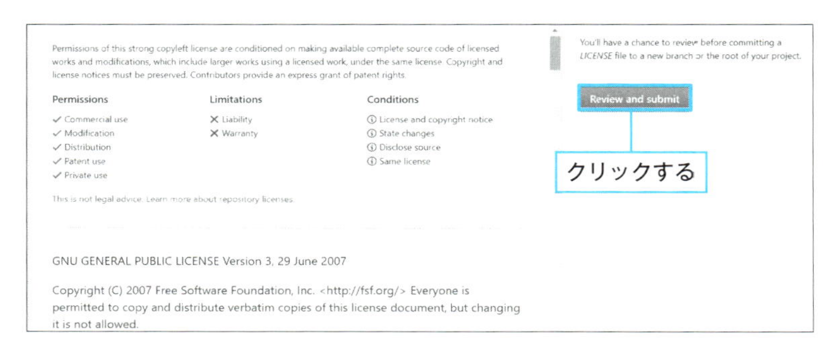

6 Commitメッセージを入力してライセンスを作成する

画面下部の「Commit changes」欄（LICENSEファイルを初めて作成する場合は「Commit new file」）に「Change LICENSE」や「Create LICENSE」などのCommitメッセージを入力します。

今回はmasterに対してCommitを行いますので、「Commit directory to the master branch」にチェックを入れて、「Commit new file」をクリックします。

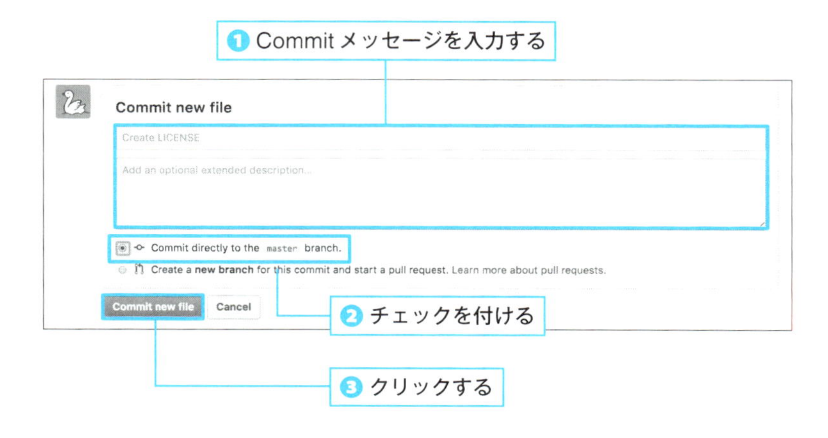

Merge する際の挙動を設定する

Pull RequestをMergeする際のMergeの方法を設定できます。

Mergeの種類について

Pull Requestを受けたあと、それをリポジトリに取り込む際にはMergeを行います。

GitHubでは、Pull RequestをMergeする際の選択可能な方法をプロジェクトごとに設定することができます。設定可能なMerge方法は以下のとおりです。

- Create a merge commit（Merge Commitを作成したMerge）
- Squash Merge
- Rebase Merge

デフォルトでは「Create a merge commit」が選択され、「Merge pull request」をクリックすると、その方法でMergeされます。

Merge方法は「Merge pull request」の「▼」をクリックすると選択できます。

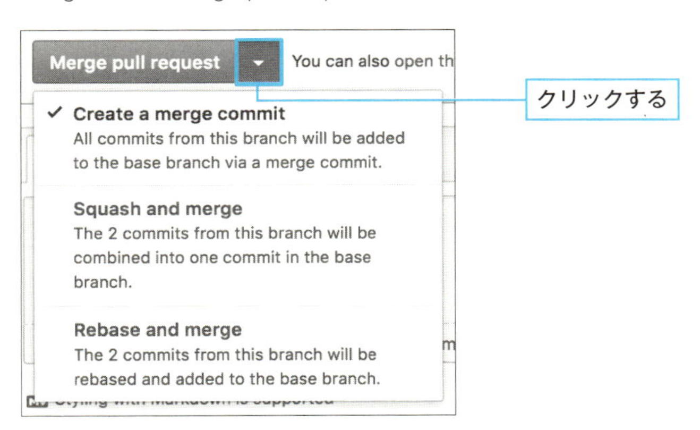

「Squash and merge」や「Rebase and merge」を選択することで、Mergeボタンの表示が変化し、Mergeボタンを押した際のMerge方法が変わります。

Squash and merge　　Rebase and merge

デフォルトでは、3種類どのMerge方法も選択できるようになっていますが、特定の方法のみを選択できるようにすることも可能です。

Create a merge commit（Merge Commit を作成した Merge）

デフォルトではMergeボタンを押すと、Merge Commitを作成する方法が選択されます。

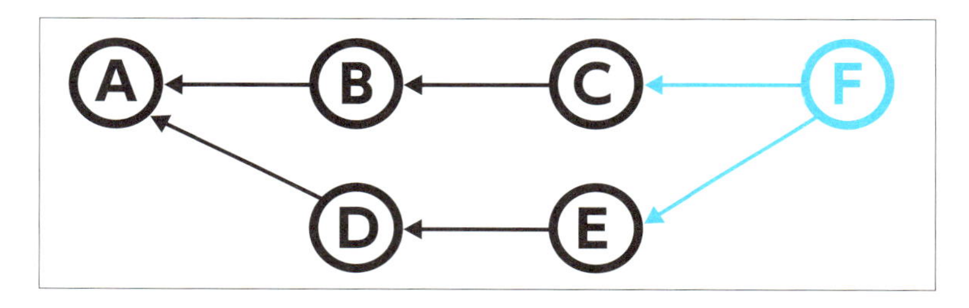

上の図のようにMergeしたいブランチとMerge先のブランチの両方を親に持つMerge Commit Fが作成されます。このときMergeされるブランチのCommitの情報はすべて保持された状態でMergeされます。

Squash Merge

Squashとは"つぶす"という意味です。Squash Mergeを選択すると、MergeされるブランチのCommitの内容を1つの新しいCommitにまとめた上でMergeを行います。

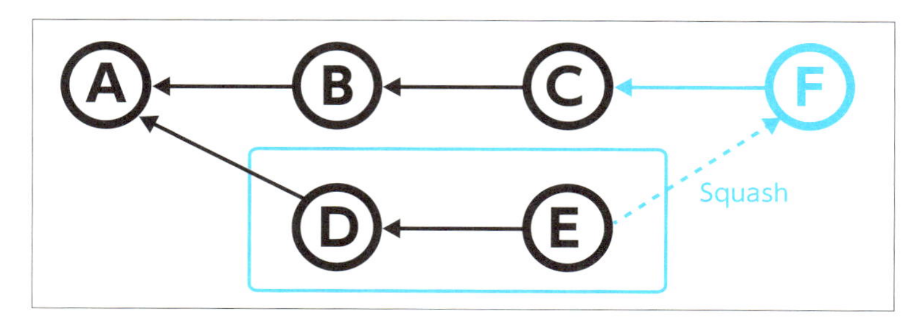

上の図でいうと、D、EのCommit内容をまとめた新しい1つのCommitが作成され、Mergeされます。

Squash Mergeを行うと、Merge内容が1つのCommitになるため履歴は見やすくなる反面、Merge前の1つ1つのCommit情報がなくなるという欠点があります。

Rebase Merge

Rebase Mergeでは、Mergeを行う前にブランチのRebaseを行った上でMergeを行います。Rebaseとは、ブランチの分岐元の付替えを行うことです。

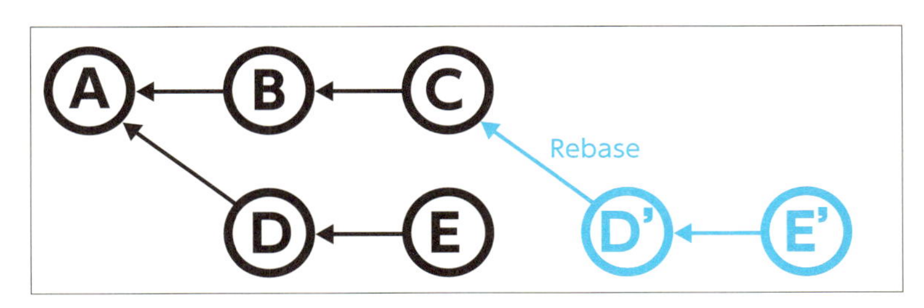

上の図でいうと、D、EのCommitはAのCommitから分岐していますが、Rebase Mergeを行うとCブランチから分岐するようにRebaseされます。

Squash Mergeとは異なり、Commitの粒度は保たれますが、Rebaseの結果生まれたD'、E'のCommitは、元のD、EのCommitと異なるものと扱われるため、Commit IDなども別のものになります。

Web　Mergeの際の挙動を設定する

プロジェクトにおいて選択できるMerge方法を変更する手順を紹介します。

1 Merge方法を設定したいリポジトリのページに移動する

Merge方法を設定したいリポジトリのページに移動します。

2 「Settings」タブを選択する

リポジトリ名の下にある「Settings」タブを選択します。

選択する

<> Code　Issues 6　Pull requests 3　Projects 0　Wiki　Insights　Settings

3 Merge方法を選択する

「Merge button」欄でプロジェクトで許可するMerge方法をチェックします。デフォルトでは、以下の3つがすべて許可されています。

- Allow merge commits
- Allow squash merging
- Allow rebase merging

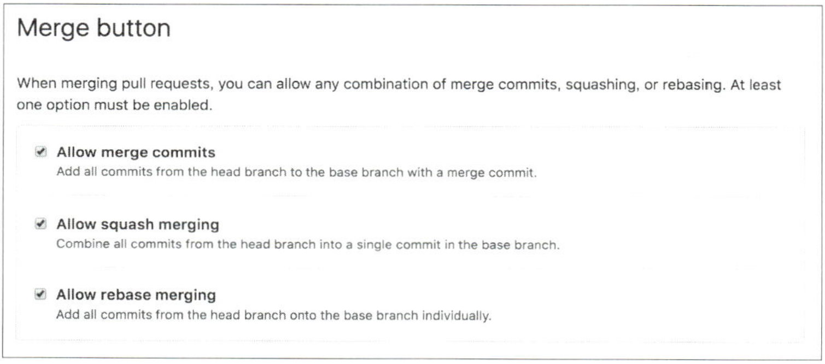

Merge button

When merging pull requests, you can allow any combination of merge commits, squashing, or rebasing. At least one option must be enabled.

- [x] **Allow merge commits**
  Add all commits from the head branch to the base branch with a merge commit.
- [x] **Allow squash merging**
  Combine all commits from the head branch into a single commit in the base branch.
- [x] **Allow rebase merging**
  Add all commits from the head branch onto the base branch individually.

プロジェクトで許可するMerge方法のみをチェックします。なお、少なくとも1つはチェックする必要があります。

Issueを作成する

Issueを作成すると、リポジトリのオーナーへの問題提起や、バグの報告をすることができます。

Issueとは

Issue(イシュー)とは、GitHubが提供しているリポジトリごとに設けられたディスカッション機能のことです。

OSSのプロジェクトでは、リポジトリのオーナーやコントリビューターに対するバグレポートや機能追加の提案などは、すべてこのIssueを通して行われます。

Issueには、#1、#20のように番号が割り振られます。

Web Issueを作成する

1 Issuesページに移動する

リポジトリページの上にある「Issues」を選択して、Issuesページに移動します。

2 Issueページを新規作成する

右上にある「New Issue」をクリックしてIssue作成画面に移動します。

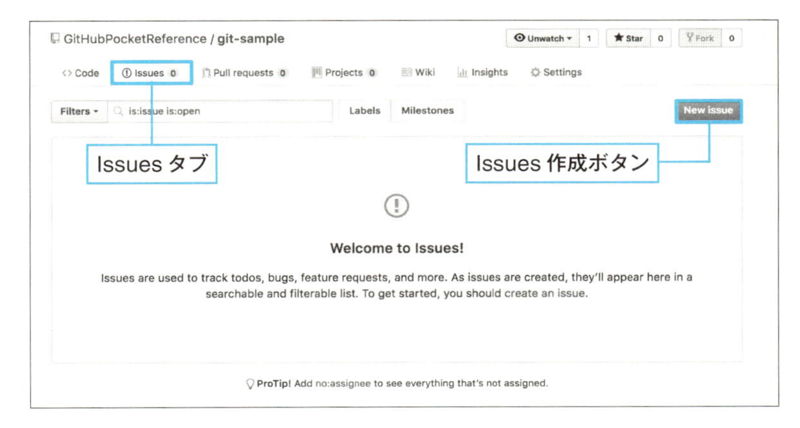

3 タイトルと内容を入力する

「Title」にわかりやすいタイトル、「Description」にその内容を入力します。

入力が完了したら「Submit new issue」クリックして完了します。

▶参考

Issueのテンプレート

以下のようなファイルを作成しておくと、Issueを作成する際のテンプレートとして使うことができます。

- issue_template.md
- .github/issue_template.md
- .github/ISSUE_TEMPLATE/issue_template.md

テンプレートを用意しておくと、Issueを作成するユーザーはそのフォーマットに沿って書くことができ、確認する側もフォーマットが統一されるため読みやすいというメリットがあります。

Issue にユーザーを Assign する

Assign機能を使うと、Issueの担当者を明示的に設定できます。

Assign とは

Assign(アサイン)とは、Issueに担当者を割り当てることです。Assignすることによって、Issueを一覧したときに誰のタスクなのかがわかりやすくなり、Issueを検索するときに、担当者ごとの検索なども可能になります。

Web Issue の作成時に Assign する

Issueの作成時にAssignして担当者を決めることができます。

1 Issueの作成画面に移動する

Issueの作成画面に移動します。

2 Assign可能なユーザーを選択する

右側にある「Assignee」をクリックすると、Assign可能なユーザーが一覧されますので、その中からAssignする担当者を選択します。

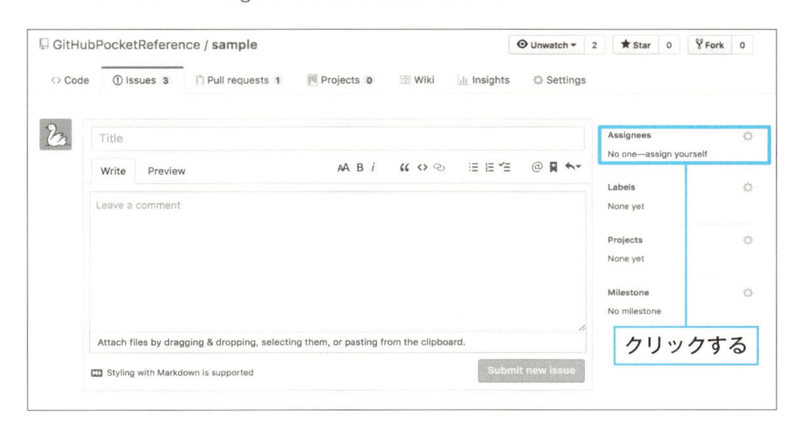

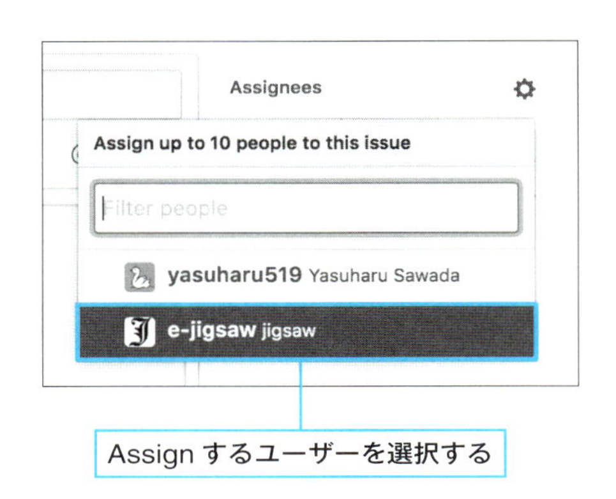

▶参考

一覧ページからまとめてAssignを行う

上記の手順ではIssueごとにAssignするユーザーを選択していましたが、一覧ページからまとめてAssignを行うことができます。

一覧ページにおいて、AssignしたいIssueのチェックボックスにチェックを入れ、右上にある「Assign」を選択してユーザーを設定すると、まとめて設定することができます。

Milestoneを作成する

複数のIssueやPull Requestをまとめ、Milestoneとして設定することができます。

Milestoneとは

Milestone(マイルストーン)とは、複数のIssueやPull Requestの進捗をまとめて管理するものです。

例えば、バージョン番号などでMilestoneを設定し、それを目標として設定します。これによって、そのバージョンをリリースする場合、どのIssueやPull Requestを解決すればよいかなどがわかり、全体の進捗を把握することができます。

Web Milestoneを作成する

ここでは、Milestoneを作成する手順について説明します。

1 Issue画面で「Milestones」を選択する

Issue画面に移動して、「Milestones」を選択します。

2 Milestoneを新規作成する

右上にある「New milestone」をクリックします。

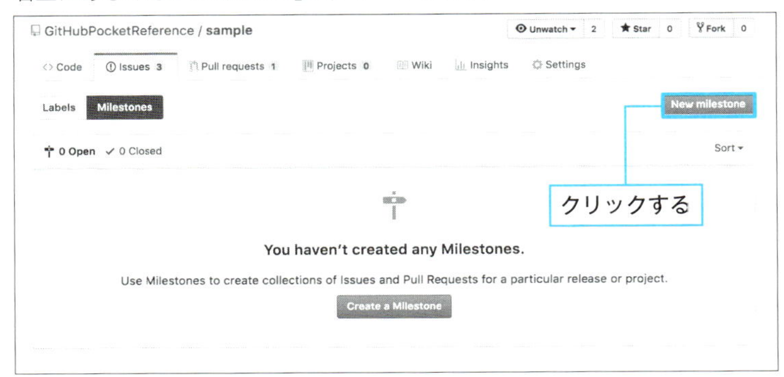

3 タイトルや期限などを入力する

「Title」にMilestoneのタイトル、「Description」に説明文を入力します。

「Due date (optional)」にはMilestoneの日程(期限)を設定します。入力欄でそのまま入力するか、入力欄の右側にある▼をクリックすると表示されるカレンダーから適切な日程を選択してください。

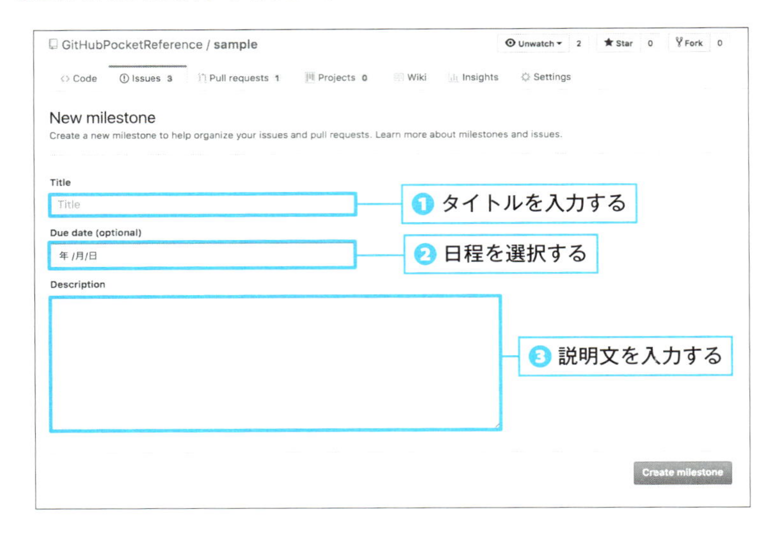

4 Milestoneの作成を完了する

「Create milestone」をクリックすると、Milestoneの作成が完了します。

Issue を Milestone に追加する

IssueやPull RequestをMilestoneに追加することができます。

作成したMilestoneにIssueやPull Requestを追加すると、それらの目標や期限がわかりやすくなり、プロジェクトの進捗が見えやすくなります。

Web Issue を作成する際に追加する

1 Issueの作成画面に移動する

Issueの作成画面に移動し、右側にある「Milestone」をクリックします。

2 Milestoneを設定する

Milestoneの一覧が表示されますので、設定したいMilestoneを選択します。

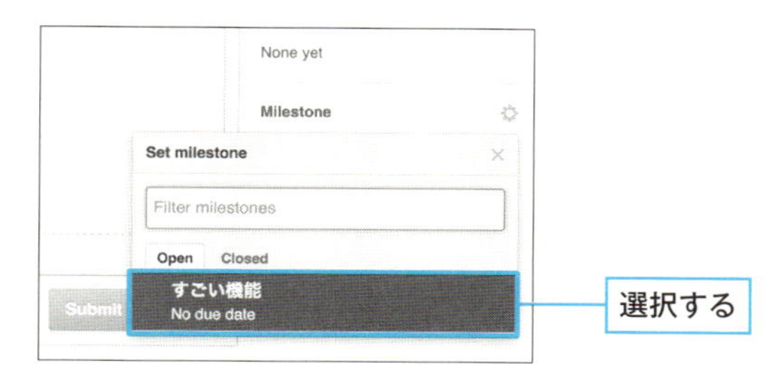

▶参考 Issueの一覧ページからまとめてMilestoneを設定する

上記の手順ではIssueごとにMilestoneを設定していましたが、Issueの一覧ページからまとめてMilestoneを設定することができます。

Issueの一覧ページにおいて、Milestoneを設定したいIssueのチェックボックスにチェックを入れ、右上にある「Milestone」を選択すると、まとめて設定することができます。

Labelを作成する

Issueは Labelを付けて分類することができます。

Labelとは

Label(ラベル)を作成すると、各IssueにLabelを設定することができます。例えば、優先度のLabel(優先度高、優先度中、優先度低のようなLabel)を作成して、検索して優先度ごとに絞り込むなど、一覧性を高めることができます。

また、機能ごとのLabel(問い合わせ、追加など)を作成して、わかりやすくするのも有効です。

GitHubでは、以下のLabelがあらかじめ設定されています。

Label	推奨される用途
bug	バグ(対応したらクローズ)
duplicate	重複するIssueがある(重複先を示してクローズ)
enhancement	機能追加(実装したらクローズ)
help wanted	ヘルプ(解決したらクローズ)
invalid	無効(理由を示してクローズ)
question	質問(解決したらクローズ)
wontfix	対応しない(理由を示してクローズ)

Web Labelを作成する

ここでは、自分でLabelを作成する手順を説明します。

1 Issue画面で「Label」を選択する

Issue画面に移動して、「Label」を選択します。

2 Labelを新規作成する

すでに上記に挙げたLabelが表示されています。これら以外のLabelを作成したい場合は、「New label」をクリックします。

クリックする

3 Label名や色を設定する

「Label preview」というエリアが表示されます。「Label name」にLabelのタイトル、「Description」にその説明を入力します。

「Color」の更新ボタンをクリックすると、あらかじめ設定された色がランダムに変更されます。

この中で気に入った色がない場合は、「#463cad」と表示された欄をクリックして16進数を指定すると、自分の好きな色に設定することもできます。カラーパレットは「RGB 256色 パレット」などで検索して確認してください。

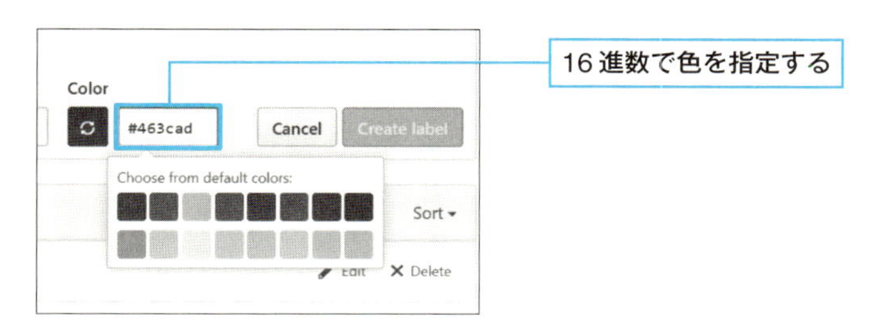

4 Labelの作成を完了する

「Create label」をクリックすると、Labelの作成が完了します。

Issue に Label を設定する

Labelを設定すると、Issueの一覧性を高めることができます。

Issue の Label 設定

Issueの作成時に作成したLabelを設定しておくと、後から検索しやすくなったり、タスクの分類が一目でわかるなど、非常に便利です。

Web Issue 作成時に Label を設定する

1 Issueの作成画面に移動する

Issueの作成画面に移動し、右側にある「Labels」をクリックします。

2 Labelを設定する

Labelの一覧が表示されますので、設定したいLabelを選択します。

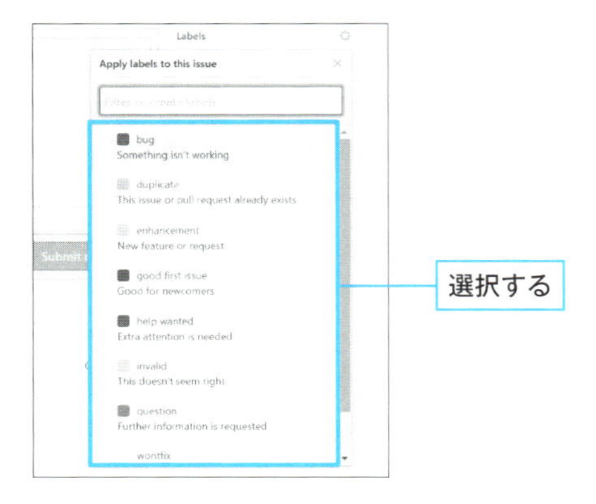

コメント投稿をロックする

IssueやPull Requestは議論できないようロックすることができます。

コメント投稿のロック

議論を妨げる者が現れるなど、IssueやPull Requestでの議論を止めて保護したい場合は、それ以降は投稿できないようにIssueやPull Requestをロックすることができます。

これによって、ロックされたIssueやPull Requestは書き込みの追加や、コメントの編集などができなくなります。

Web IssueやPull Requestをロックする

ここではIssueやPull Requestをロックする手順について説明します。

1 対象のIssueやPull Requestに移動する

議論を止めたいIssueやPull Requestの画面に移動します。

2 「Lock conversation on this issue」をクリックする

右のサイドバーから「Lock conversation」をクリックすると、「Lock conversation on this issue」画面が表示されます。必要であれば、「Reason for locking」でロックする理由を選択し、「Lock conversation on this issue」をクリックします。

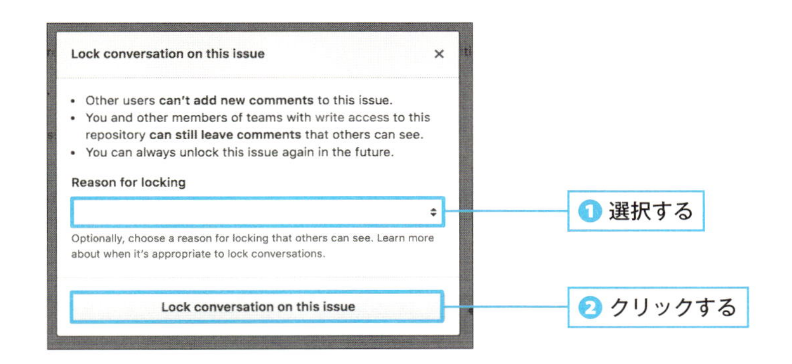

Pull Request を送る

Pull Requestを送ることで、リポジトリので管理されているコードに対して、変更を提案することができます。

Pull Request とは

Pull Requestとは、リポジトリに変更を加えたいとき、その変更を取り込んでもらうためにリポジトリのオーナーやコントリビューターなどへ提案を行うことです。

通常、複数人でプロダクトの開発を行う場合、それぞれの人は、リポジトリ自体を触るのではなく、リポジトリのForkなどを行い、Forkに対して変更を加えた後Pull Requestで変更を提案します。

リポジトリに変更を加えたい場合は、各ユーザーでCommitするのではなく、まずPull Requestを送って、レビューや議論が行われ、その変更が不要であればPull Requestは閉じられ、必要であればリポジトリにMergeされます。

Web Pull Request を作成する

ここでは、git-sampleリポジトリでPull Requestを送る手順について説明します。

1 Pull Request作成画面に進む

リポジトリの「New Pull Request」もしくはブランチのPush直後の場合は、「Compare & pull request」というボタンが表示されているので、そちらをクリックし、Pull Request作成画面へ進みます。

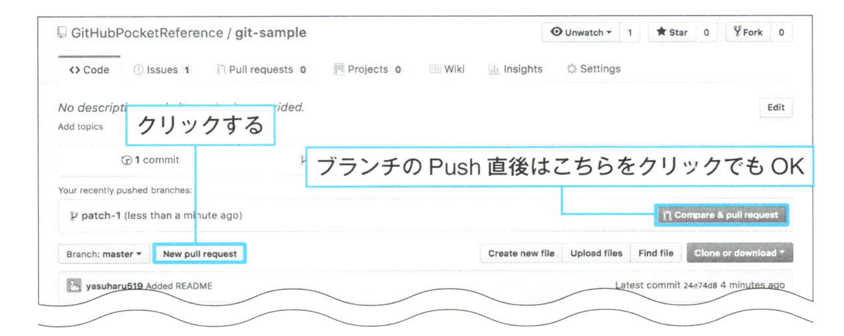

紙面版

電脳会議

DENNOUKAIGI

一切無料

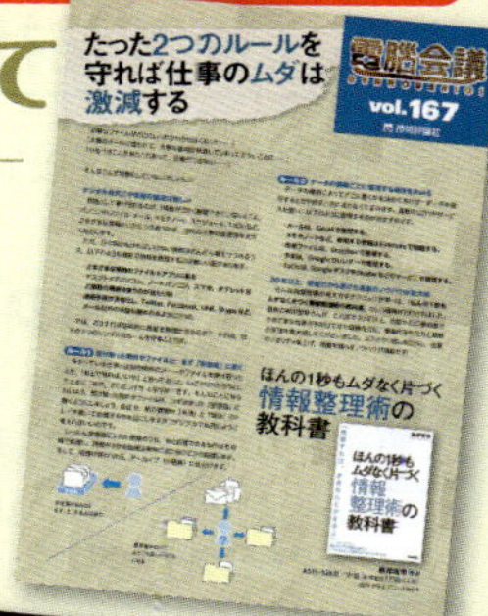

今が旬の情報を満載してお送りします!

『電脳会議』は、年6回の不定期刊行情報誌です。A4判・16頁オールカラーで、弊社発行の新刊・近刊書籍・雑誌を紹介しています。この『電脳会議』の特徴は、単なる本の紹介だけでなく、著者と編集者が協力し、その本の重点や狙いをわかりやすく説明していることです。現在200号に迫っている、出版界で評判の情報誌です。

毎号、厳選 ブックガイドも ついてくる!!

『電脳会議』とは別に、1テーマごとにセレクトした優良図書を紹介するブックカタログ(A4判・4頁オールカラー)が2点同封されます。

Software Design WEB+DB PRESS も電子版で読める

電子版定期購読が便利!

くわしくは、
「**Gihyo Digital Publishing**」
のトップページをご覧ください。

電子書籍をプレゼントしよう!

Gihyo Digital Publishing でお買い求めいただける特定の商品と引き替えが可能な、ギフトコードをご購入いただけるようになりました。おすすめの電子書籍や電子雑誌を贈ってみませんか?

こんなシーンで… ●ご入学のお祝いに ●新社会人への贈り物に ……

◉**ギフトコードとは?** Gihyo Digital Publishing で販売している商品と引き替えできるクーポンコードです。コードと商品は一対一で結びつけられています。

くわしい**ご利用方法**は、「**Gihyo Digital Publishing**」をご覧ください。

ソトのインストールが必要となります。
刷を行うことができます。法人・学校での一括購入においても、利用者1人につき1アカウントが必要となり、

への譲渡、共有はすべて著作権法および規約違反です。

ウェブ検索またはブラウザへのアドレス入力の
どちらかをご利用ください。
Google や Yahoo! のウェブサイトにある検索ボックスで、

電脳会議事務局 　検 索

と検索してください。
または、Internet Explorer などのブラウザで、

https://gihyo.jp/site/inquiry/dennou

と入力してください。

「電脳会議」紙面版の送付は送料含め費用は
一切無料です。
そのため、購読者と電脳会議事務局との間
には、権利&義務関係は一切生じませんので、
予めご了承ください。

技術評論社　電脳会議事務局
〒162-0846　東京都新宿区市谷左内町21-13

2 変更のCommitが入ったブランチを選択する

baseはmasterブランチのままとし、「compare」をクリックして、変更のCommitが入ったブランチを選択します。

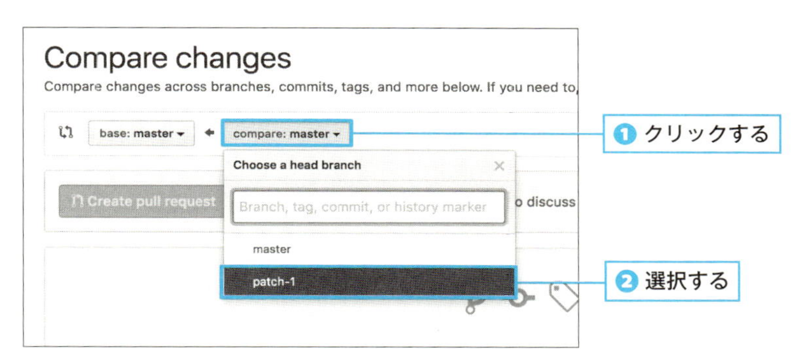

3 タイトルと説明を入力してPull Requestを作成する

レビューや議論の際、相手にとって理解しやすいよう、わかりやすいタイトルと説明を入力します。

Pull Requestの作成時にCommitの履歴や、ファイルの変更の履歴も確認できますので、レビュアーの負担も軽減できるはずです。

入力が完了したら、「Create pull request」をクリックします。

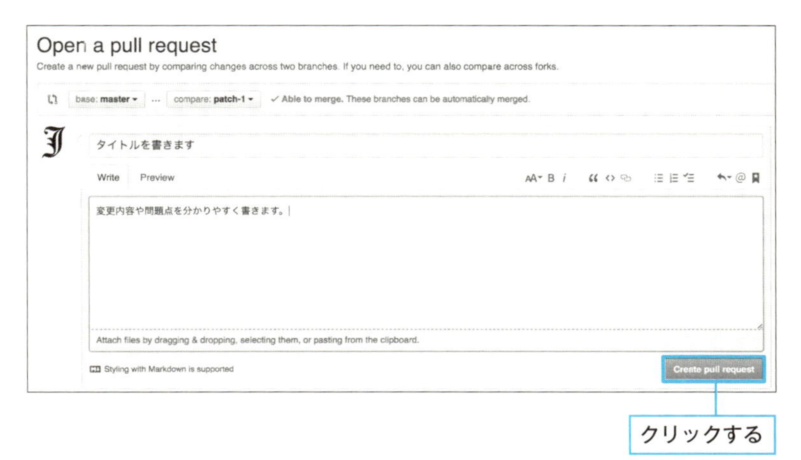

Pull Request をレビューする

Pull Requestで提案した変更は、リポジトリにMergeされる前にリポジトリのオーナーやコラボレータによるレビューを経てリポジトリに取り込まれます。

レビューとは

提出されたPull Requestは、リポジトリのオーナーやコントリビューターによって、その内容の確認が行われます。これをレビューと言います。

レビューを経て、問題ないと判断された場合はMergeされ、リポジトリに取り込まれます。

Pull Request の構成

Pull Request のページでは、以下のConversation、Commits、File changedの3つの要素を確認できるようになっています。レビューの際は通常それぞれ確認しながら Pull Request を取り込むかどうかを判断します。

要素	説明
Conversation	このPull Requestに対してのコメントや変更した行に付いたコメントなどを時系列順に確認することができる。全体に対する議論を行うのに適している
Commits	Pull Requestに含まれるCommitのリストを確認できる。Commitごとの変更を確認する場合などに適している
Files changed	Pull Requestで変更されたコードの内容を確認できる。変更した行に対してコメントをつけることもできる。赤色にハイライトされている行が変更前、緑色にハイライトされている行は変更後のものを示す

Web Pull Request をレビューする

ここでは、提出されたPull Requestをレビューする手順について説明します。

1 「Pull requests」を選択する

リポジトリページの「Pull requests」をクリックし、Pull Requestの一覧ページへ移動します。

2 レビューしたい Pull Request を選択する

1の画面で、レビューを行いたいPull Requestを選択します。

3 Conversation、Commits、Files changedを確認する

Pull Requestは、Conversation(議論)、Commits(Commitのリスト)、Files changed(変更されたファイル一覧)の3つから成り立っています。これらの要素をそれぞれ確認し、必要があればコメントなどを入力します。

「Conversation(議論)」では、リポジトリ全体に対する議論を行うときに適しています。「Commits(Commitのリスト)」では、Commitごとの変更を確認できます。

「Files changed(変更されたファイル一覧)」では、変更されたコードの内容を確認できます。各行の行番号近くにマウスカーソルを合わせると「+」ボタンが出てきますので、クリックするとコメントを入力できます。

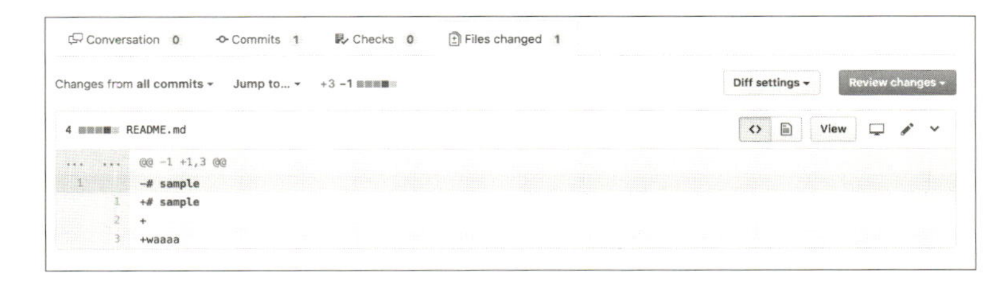

Pull Request を Merge する

Pull RequestをMergeすることで、Pull Requestで提案されていたコードの変更をリポジトリに取り込むことができます。

Merge とは

レビューや議論を終え、問題ないと判断されたPull Requestはリポジトリに取り込まれます。これをMergeと言います。

Pull Requestを取り込む場合のMergeには、以下の3種類があります。

Create a merge commit	Merge Commitを作成してPull Requestのbranchの Commitを取り込む
Squash and merge	Pull Requestのbranchの変更を1つのCommitにまとめてMerge先のbranchに追加する
Rebase and merge	Gitのgit rebaseコマンドのように、Pull Requestの branchをPull Request先のbranchでrebaseすることでMergeする

これらの詳細については、P.129～131を参照してください。

Web　Pull Request を Merge する

ここでは、Pull RequestをMergeする手順について説明します。

1 「Pull requests」を選択する

リポジトリの「Pull requests」を選択し、Pull requestsのページを表示します。

2 Mergeの種類を選択してMergeする

「Merge pull request」の「▼」をクリックするとMergeの種類を選択することができます。「Merge pull request」をクリックしてPull RequestをMergeします。

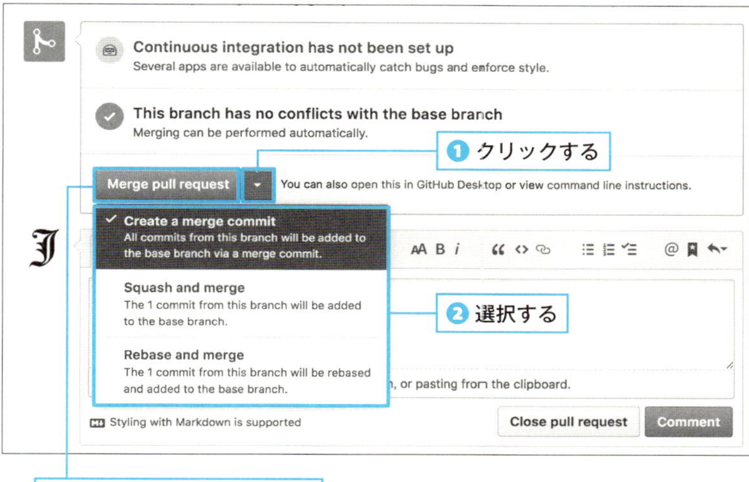

Pull Request

Pull Requestを Mergeできない場合に対応する

Pull Requestで出した修正はConflict（衝突）する場合があり、Mergeできる状態にするにはConflictを解消する必要があります。

Conflictとは

Gitでは大抵の場合はブランチをMergeできます。一方、変更が競合しているとMergeできないことがあります。この場合、Gitにどの変更を取り込むかを指示することで解消します。実際には、Conflictが起きている個所に「>>>>>>>」という文字が挿入されるため、希望する変更に修正する作業を行います。Conflictの解消はコマンドラインでも可能ですが、以降ではGitHub上でConflictを解消する方法を説明します。

Web　Conflictを解消する

Conflictの解消はコマンドでも実行可能ですが、ここではWeb上での手順について説明します。

1 ConflictしているPull Requestを選択する

リポジトリの「Pull Request」を選択し、表示されたページでConflictが発生している「Resolve conflicts」をクリックします。

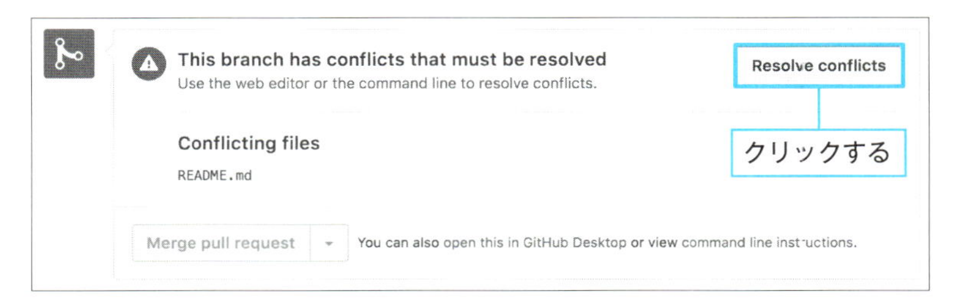

2 Conflictを確認する

Conflictしているファイルを開きます。GitではConflictを起こしている個所が、以下のように「>>>>>>>」と「<<<<<<<」で囲われています。

```
<<<<<<< e-jigsaw-patch-1
new added
=======
original
>>>>>>> master
```

上記の例の場合「<<<<<<<」から「=======」のものはe-jigsaw-patch-1のブランチの変更を示しており、「========」から「>>>>>>>>」のものはmasterブランチの変更内容を示しています。どちらの変更をとるのか、または両者の変更を結合して1つにすることも可能です。

3 Conflictを解消する

2で確認した後、意図した変更に修正することによってConflictを解消することができます。上記のConflictを解消する場合は、以下のように変更します。

```
new added
```

4 「Mark as resolve」をクリックする

「Mark as resolve」をクリックします。

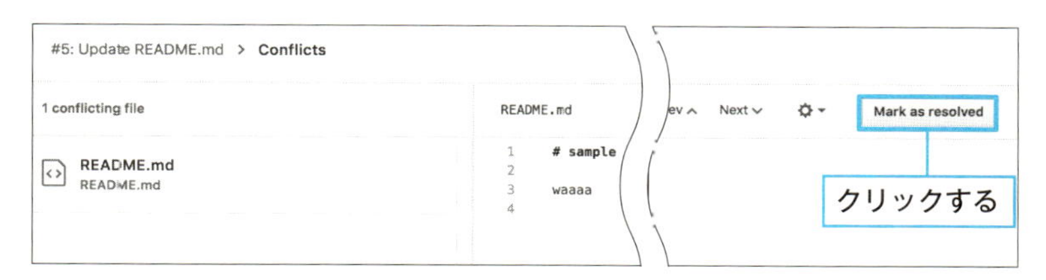

5 Mergeを実行する

Conflictが解消されましたので、「Commit merge」をクリックすると、Merge Commitが作成され、Conflictが解消します。これでPull RequestがMerge可能になりました。

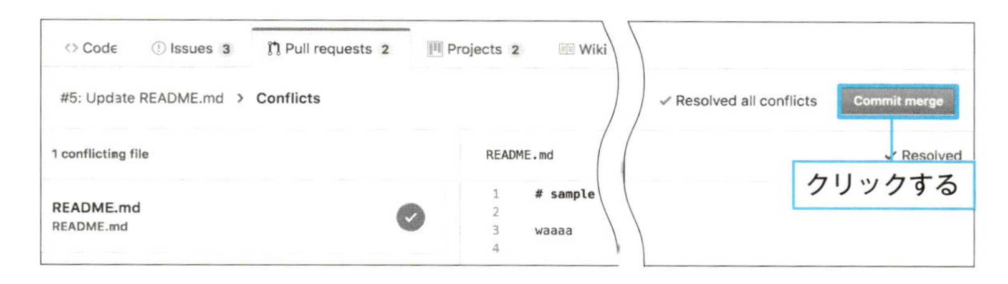

Pull Request をクローズする

一度出したPull Requestを何も行わずクローズすることができます。

Pull Request のクローズ

Pull Request はオープン状態とクローズ状態があります。Pull Requestの変更を取り込む必要がない場合はクローズします。OSSの場合は、なぜ必要ないのかを説明してからクローズするした方が、相手にも納得してもらえるでしょう。

Web Pull Request をクローズする

Pull Requestをクローズする手順について説明します。

1 クローズするPull Requestを選択する

リポジトリの「Pull Request」を選択し、クローズしたいPull Requestを選択します。

2 クローズする

選択したPull Requestページにある「Close pull request」をクリックしてクローズします。

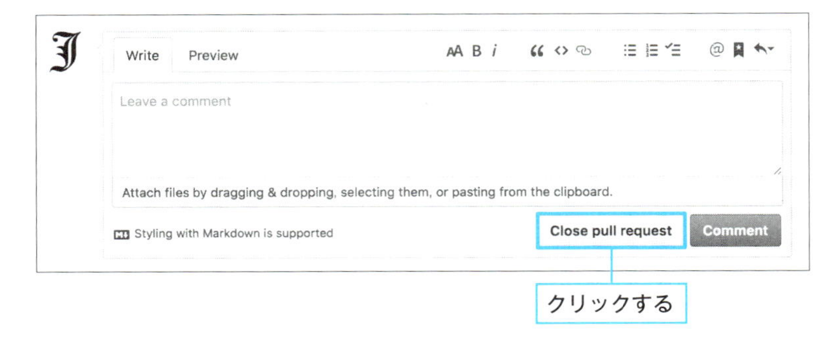

Pull Request を取り消す

間違えてMergeしたPull Requestは取り消すことができます。

Revert とは

Pull Requestを間違えてMergeしてしまった場合、それを取り消すことができます。このようにPull RequestやMergeやCommmitなど、一度行った作業を取り消すことをRevert(リバート)と言います。

RevertするCommitを取り込むPull Requestを作成し、それを実行することで間違った変更を打ち消すことができます。

Web Pull Request を Revert する

Pull RequestをRevertする手順について説明します。

1 RevertするPull Requestを選択する

リポジトリの「Pull Request」を選択し、取り消したい Pull Requestを選択します。

2 「Revert」をクリックする

Mergeされたことを示すコメントから「Revert」をクリックし、「Revert pull request」を作成します。

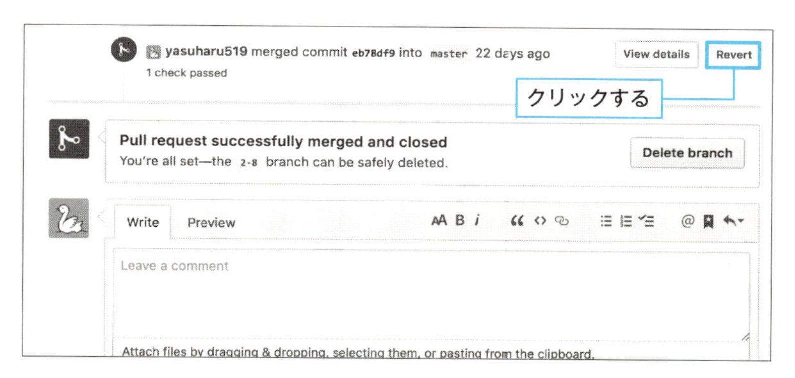

3 Pull Requestを作成してMergeする

Revertの内容を確認し、RevertのためのPull Requestを作成します。RevertのPull Requestについてもレビューを行った後問題なければMergeします。

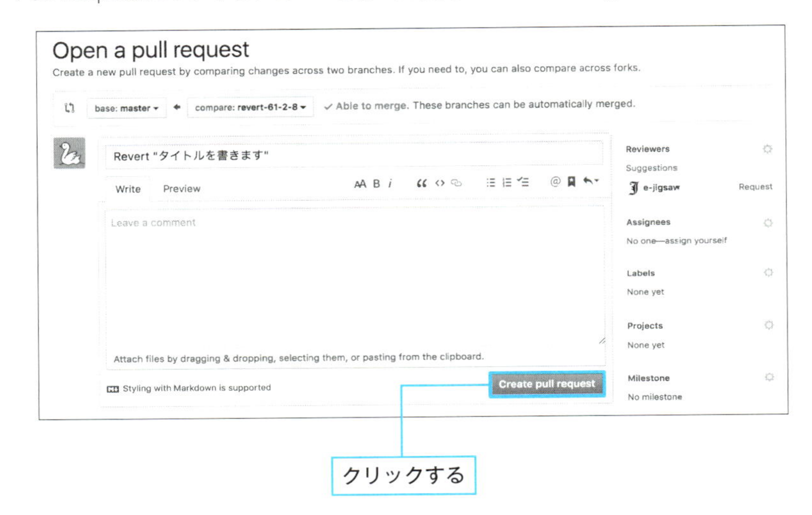

Pull Request のガイドラインを作成する

ガイドラインを作成すると、Pull Request を送る際に一定のフォーマットに従うようメッセージを出すことができます。

Pull Request のガイドライン

リポジトリのルートに

- CONTRIBUTING
- CONTRIBUTING.md

のいずれかのファイルを配置しておくと、Pull Request を作成する際、それへのリンクがガイドラインとして表示されるようになります。

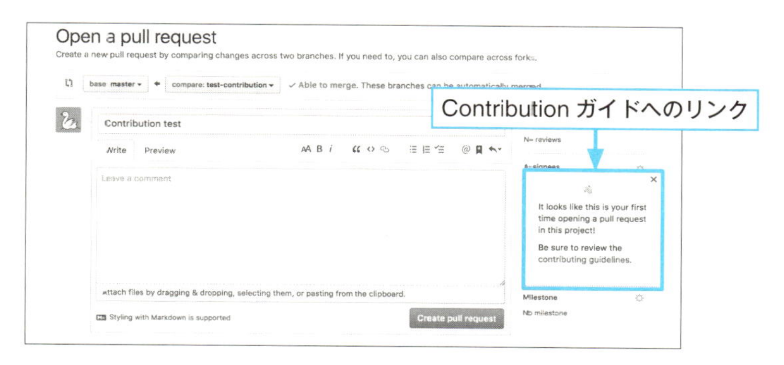

Web CONTRIBUTING.md を作成する

1 CONTRIBUTING.md を新規作成する

リポジトリのトップページにある「Create new file」をクリックし、ファイル名に CONTRIBUTING.md と入力します。

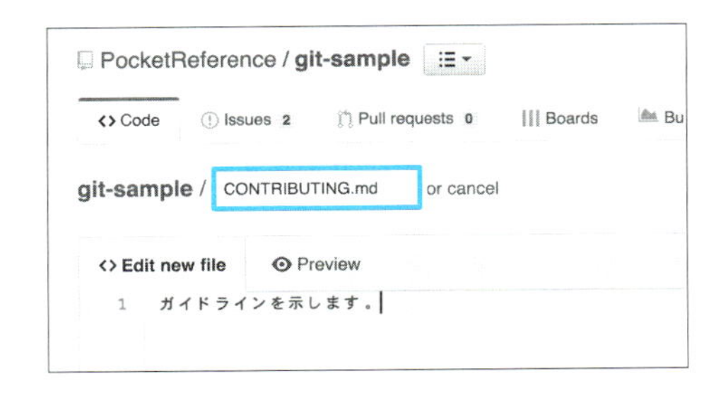

2 ガイドラインを入力する

CONTRIBUTING.mdにPull Requestのガイドラインとなる内容を入力し、「Commit new file」をクリックしてファイルを保存します。

CONTRIBUTING.mdファイルがあると、Pull Request実行時に作成したガイドラインへのリンクが表示されるようになります。

リポジトリのワークフローを管理する

Project boardを作成すると、リポジトリやオーガナイゼーションのワークフローを管理することができます。

Project boardとは

Project boardは、GitHubが提供するプロジェクト管理ツールです。Issue、Pull Requestとノートを使って、カンバン(プロジェクトの見える化)を作成することで、ワークフローを定義できる機能です。

Project boardには、以下の2種類があります。

- リポジトリごとのProject board
- オーガナイゼーションにまたがるProject board

リポジトリごとのProject boardはリポジトリごとに区切ったIssueやPull Requestのみ含めることができます。一方、オーガナイゼーションにまたがるProject boardではオーガナイゼーション内のすべてのリポジトリからIssueやPull Request、ノートを追加して管理することができます。

複数のリポジトリに分散しているプロジェクトでは、オーガナイゼーションにまたがるProject boardを利用するとよいでしょう。

Project boardのテンプレートについて

Project boardには、以下の4種類のテンプレートが用意されています。

- Basic kanban
- Automated kanban
- Automated kanban with reviews
- Bug triage

Basic kanbanはすべてを手動で管理できるProject boardです。

Automated kanbanはあらかじめ決められたルールで各カードの移動が自動化されています。例えば、IssueやPull RequestをクローズしたりMergeするアクションに対し、自動的にTo Do、In Progress、Doneへ移動させるように設定することも可能です。

Automated kanban with reviews は 前 述 の Automated kanban に Pull Requestのレビュー機能によってカラムを移動する設定が付加されたものです。

Bug triageはカンバンとは違い、バグを登録し、その優先順位を付けることで修正する順番を決定するために役立ちます。Needs triage、High priority、Low priority、Closedの4カラムが予め用意されており、すべてのバグはまずNeeds triageに登録され、重要度に応じてHigh priorityとLow priorityに分類していきます。デフォルトではNeeds triageにTo do、CloseにDoneのPresetが設定されています。

Web リポジトリにProject boardを作成する

ここでは、リポジトリごとのProject board作成手順について説明します。

1 「Projects」画面に移動する

リポジトリの画面で「Projects」を選択します。

2 Projectを作成する

「New Project」をクリックしてProjectを作成します。

3 Project名と説明を入力、テンプレートを選択する

「Project board name」にProject名、「Description」にその説明を入力します。

「Template:None」をクリックすると、以下のテンプレートを選択することができます。

- None
- Basic kanban
- Automated kanban
- Automated kanban with reviews
- Bug triage

完了したら「Create project」をクリックします。

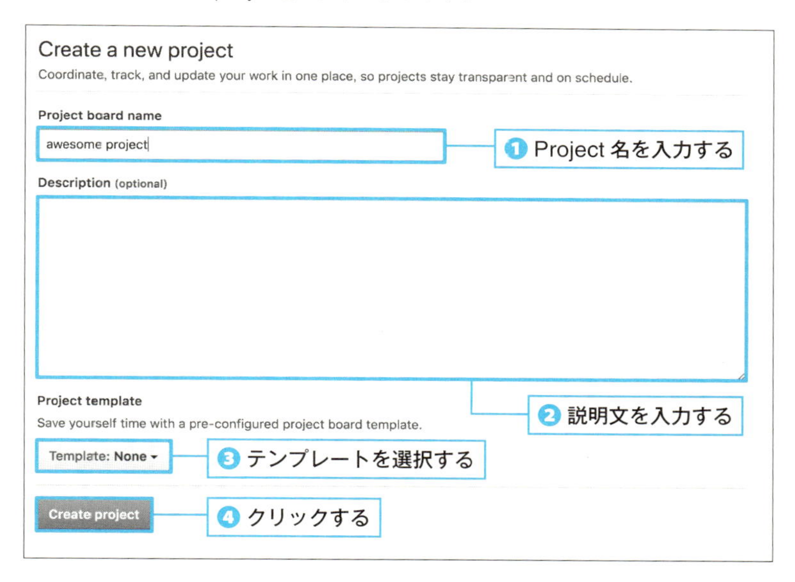

4 (**3**で「None」を選択した場合)Columnを作成する

3で「None」を選択した場合、「Add a column」をクリックしてColumnを作成します。

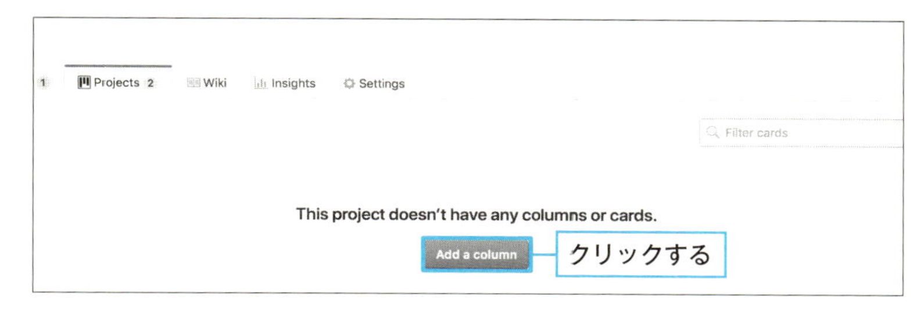

5 (**3**で「None」を選択した場合)Columnを設定する

「Column name」にColumn名を入力、「Preset:None」をクリックし、ColumnのPresetを選択して、自動化の設定を行います。

Presetにはいくつか種類があり、各カラム間の移動をIssueのOpen/CloseやPull RequestのClose/Mergeなどを起点に自動化できます。例えば、To doというPresetであれば新規にIssueが作成されるとまずそのカラムに追加されるようになります。また、DoneではIssueやPull RequestがCloseされると自動的にそのカラムに移動するように設定することができます。

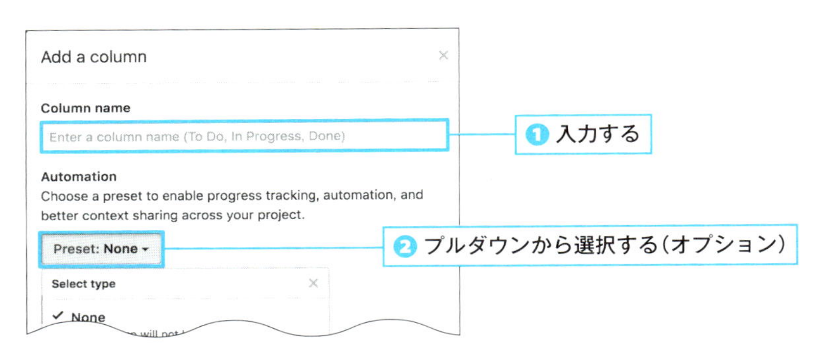

完了したら「Create column」をクリックします。

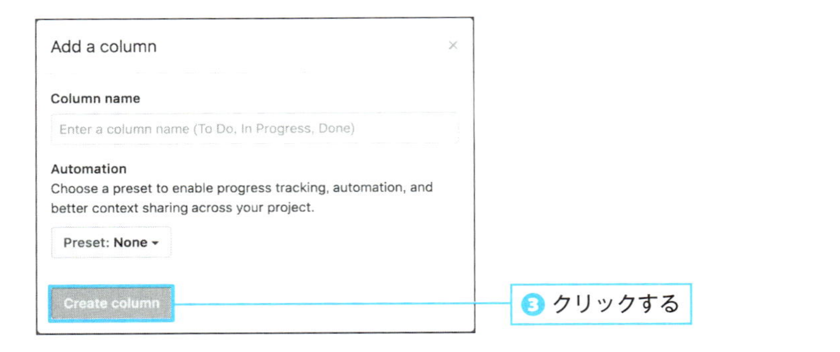

6 作業を完了する

作成が完了するとカラムが作成されています。

▶参考

オーガナイゼーションにProject boardを作成する

上記の手順ではリポジトリごとにProject boardを作成しましたが、オーガナイゼーションに作成する場合は、オーガナイゼーションページ「Project」を選択し、「Create a project」をクリックします。

ワークフローの自動化設定を行う

ColumnのManage automationでワークフローの自動化設定を行うことができます。

自動化の種類

Columnでは Presetを選択することで、自動化を設定することができます。Presetについては、P.157を参照してください。

Projectの進捗をトラッキングする

Presetによる自動化が設定されていると、Projectの進捗がグラフィカルに把握できます。

各Columnのすべてのカードに対してIn progress(進行中)に進むと、紫のバー増加します。Done(完了)に進むと、緑のバーが増加するようになります。

kanban automated

Updated just now

すべてのカードがDoneになると、以下のようにすべて緑のバーで表示されます。

kanban automated

Updated 5 minutes ago

Web　Project boardに自動化設定を行う

ここでは、Project boardに自動化の設定を行う手順を説明します。

1「Projects」画面に移動する

リポジトリの画面で「Projects」を選択します。

2 自動化したいProjectを選択する

自動化を設定したいProjectを選択して右上にある「…」をクリックし、「Manage automation」を選択します。

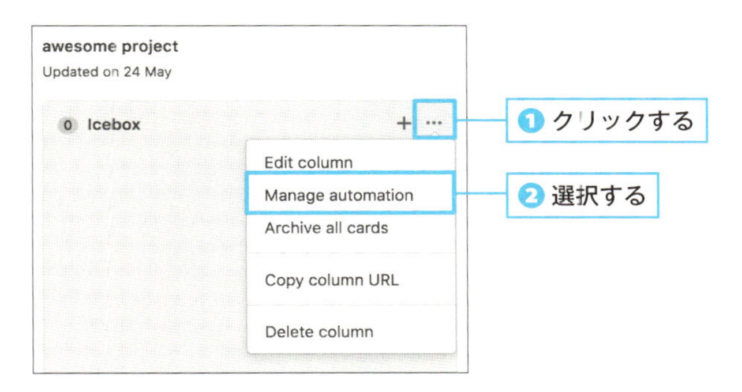

3 Presetを設定する

「Manage automation for test」画面で「Preset: xxx」をクリックし、Presetを設定します。各Presetの説明については、P.157を参照してください。

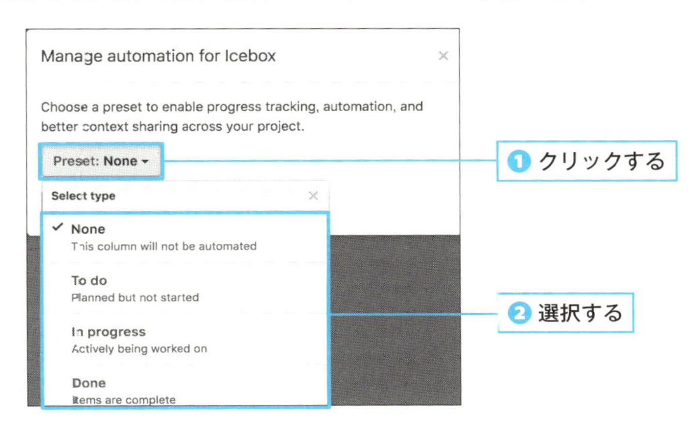

設定したいオプションのチェックボックスにチェックを入れ、「Update automation」をクリックします。

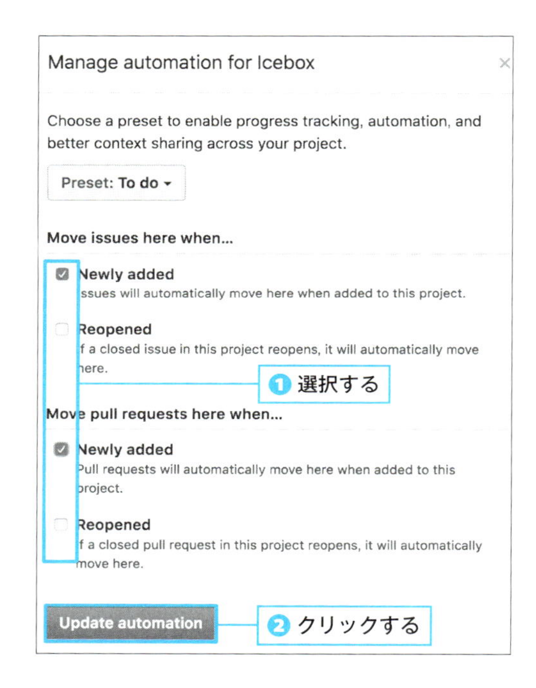

Project board をコピーする

カスタマイズされたProject boardをコピーすると、ワークフローの標準化がしやすくなります。

コピーで引き継がれるもの

あらかじめ設定されたProject boardをコピーすると、そのProject boardの設定を引き継ぐことができます。

コピーを実行する際、設定項目にチェックを入れることによって、Columnの自動化設定なども引き継ぐことができます。ただし、各Columnの中にあるカードは引き継がれないため、注意してください。

Web Project board をコピーする

ここでは、設定を引き継ぐ形でProject boardをコピーする手順について説明します。

1 「Projects」画面に移動する

リポジトリの画面で「Projects」を選択します。

2 コピーしたいProjectを選択する

Projectのリストからコピーしたい Projectを選択します。

3 「Menu」を選択する

画面の右側にある「Menu」を選択すると、選択したProjectに関するウィンドウが出てきます。

4 「Copy」を選択する

「…」を選択し、「Copy」を選択します。

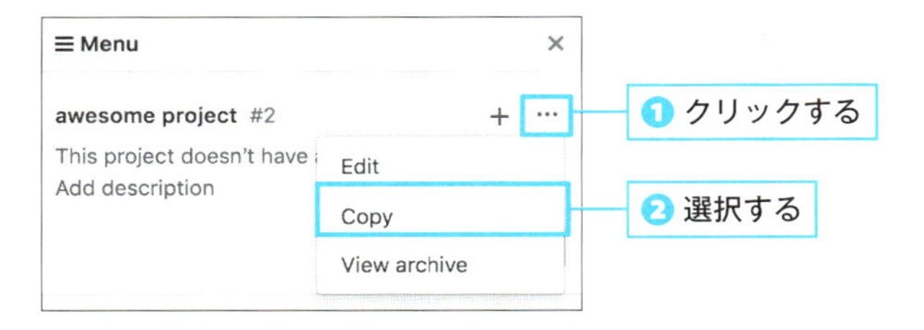

5 コピーするProject boardを設定する

「Copy project board」画面で、「Owner」をドロップダウンメニューから選択します。

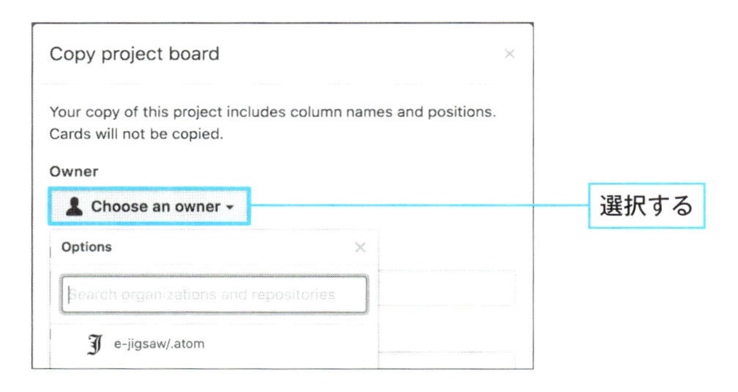

「Project board name」にコピー先のプロジェクト名、「Description」にその説明を入力し、「Copy project」をクリックします。

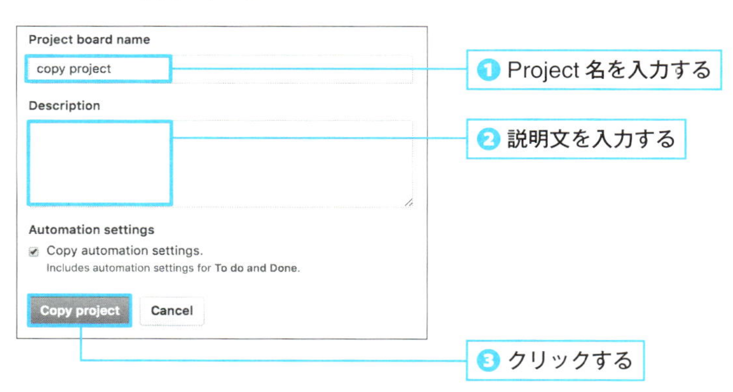

Project boardを閉じる

Project board内のタスクがすべて完了した場合や、Project boardが必要なくなった場合はProject boardを閉じることで、そのProjectが完了済みであることを示すことができます。

Project boardを閉じる

Project boardを閉じると自動化の設定が停止され、Closedに移されます。完了したProject boardは閉じるとよいでしょう。

また、誤って閉じた場合も、リオープンする際に自動化の設定を元に同期することができます。

Web　Project boardを閉じる

ここでは、Project boardを閉じる手順について説明します。

1 「Projects」画面に移動する

リポジトリの画面で「Projects」を選択します。

2 「close」を選択する

閉じたいProjectを選択し、右側にある「…」を選択します。

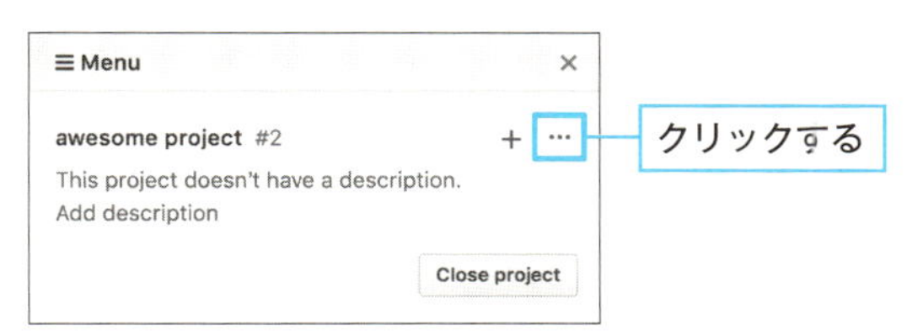

なお、再度オープンしたい場合は、「Project」画面にある「xx Closed」をクリックし、すでにクローズしたProject boardが表示されますので、右側の「…」を選択して「Reopen」を選択します。

オーガナイゼーションを作成する

オーガナイゼーションを作成することで、複数のリポジトリをまとめる組織グループアカウントを作成することができます。

オーガナイゼーションとは

オーガナイゼーション(Organization)は複数のリポジトリを所有するグループです。企業などの組織や、開発チームなどの単位で作成すると、ダッシュボードを共用できたり、チームやユーザーごとに権限を変えたりすることが可能になります。

Web オーガナイゼーションを作成する

ここでは、新規にオーガナイゼーションを作成する手順を説明します。

1 オーガナイゼーションを作成する

リポジトリ画面右上にある「+」から「New organization」を選択します。

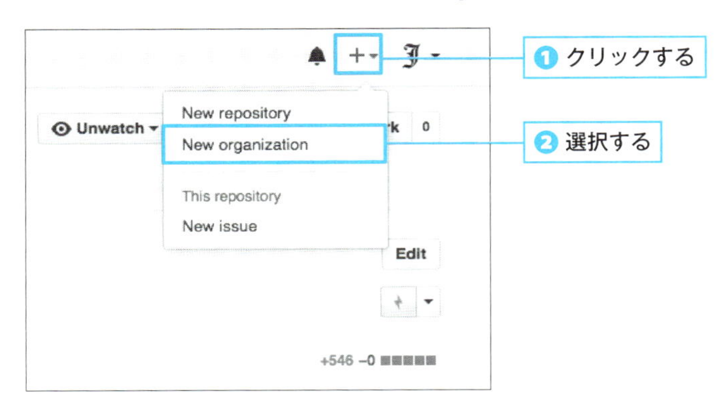

2 オーガナイゼーションの設定をする

「Sign up your team」画面で、「Organization name」にオーガナイゼーション名を入力します。ここに入力した名前がオーガナイゼーションのURLとして使用されます(ex.https://github.com/PocketReference)

「Billing email」にプラン変更などで使用する連絡先メールアドレスを入力します。

「Choose your plan」では、以下のうちご自身にあった料金プランを選択します。

料金プラン	料金	説明
Free	無料	ユーザーとパブリックリポジトリは無制限
Team	月9ドル/1人	プライベートリポジトリは無制限。5人までのチームの場合は月25ドル
Business	月21ドル/1人	プライベートリポジトリは無制限。SAMLシングルサインオンやプロビジョニングとディプロビジョニングの自動化、8時間以内に返答する週5日24時間のサポート、99.95%の稼働時間保証などが含まれる

3 オーガナイゼーションの設定を完了する

「Create organization」をクリックすると、オーガナイゼーションの設定を完了します。

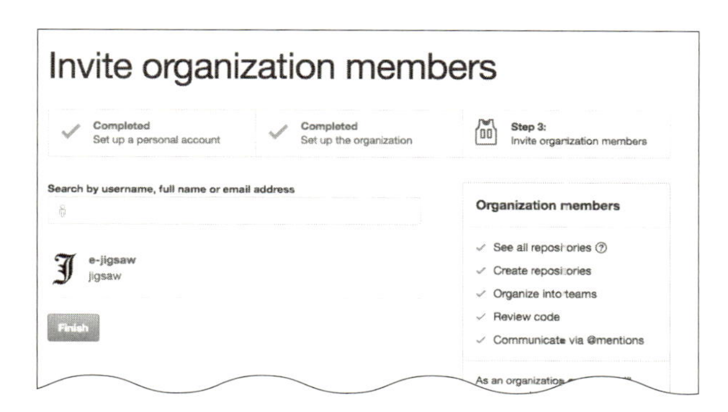

4 オーガナイゼーションにユーザーを招待する

「Search by username, full name or email address」にオーガナイゼーションに招待したいユーザーを入力します。

文字を入力すると、それに沿ったユーザーが候補として表示されますので、適切なユーザーを選択して「Invite」をクリックします。

ユーザーを招待すると「Invite」と表示されますが、そのユーザーが招待を承諾すると、この表示は消えます。

オーガナイゼーションでユーザーの招待や削除を行う

オーガナイゼーションの作成後にユーザーを招待することができます。

ユーザーの招待と削除

作成済みのオーガナイゼーションに後からユーザーを招待することができます。

オーガナイゼーションに参加すると、オーガナイゼーション内のTeamで議論したり、オーガナイゼーションのリポジトリへのアクセス権を手軽に得ることができるようになります。

Web オーガナイゼーションにユーザーを招待する

1 オーガナイゼーション画面に移動する

オーガナイゼーションには、トップページのプルダウンからオーガナイゼーションを選択し、「View organization」から移動できます。

2 「People」タブを選択する

オーガナイゼーションページで「People」を選択し、右上にある「Invite member」をクリックします。

3 ユーザーに招待メールを送る

「Invite members to オーガナイゼーション名」画面が表示されますので、ユーザー名やメールアドレスなどで検索してユーザーを追加します。

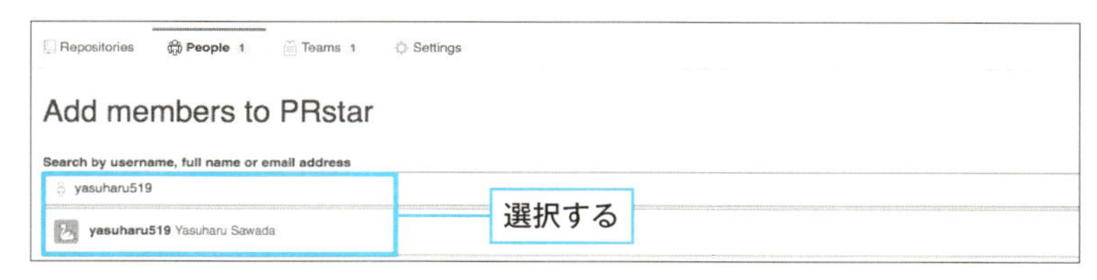

チームを作成する

チームを作成すると、オーガナイゼーションに所属するユーザーの権限を制御できます。

チームとは

チームとは、オーガナイゼーション内で作成できるグループのことです。

オーガナイゼーション内のユーザーを適切なチームに所属させることで、各ユーザーに必要な権限を与えることができ、オーガナイゼーションの運営が円滑に進めることができます。

Web チームを作成する

ここでは、チームを作成する手順について説明します。

1 オーガナイゼーション画面に移動する

オーガナイゼーションには、トップページのプルダウンからオーガナイゼーションを選択し、「View organization」から移動できます。

2 チームを作成する

「Teams」を選択し、画面右上にある「New team」をクリックします。

3 チームの情報を入力する

「Create new team」画面で、「Team name」にチーム名、「Description」にその説明を入力します。チーム名を設定しておくと、Issues やPull Requestsで「@リポジトリ名/チーム名」で所属するユーザーに通知を送ることができます。

「Team visibility」で「Secret」に設定すると、そのチームのメンバーしか閲覧できません。「Visible」にするとオーガナイゼーションに所属するユーザー全員が閲覧することができます。

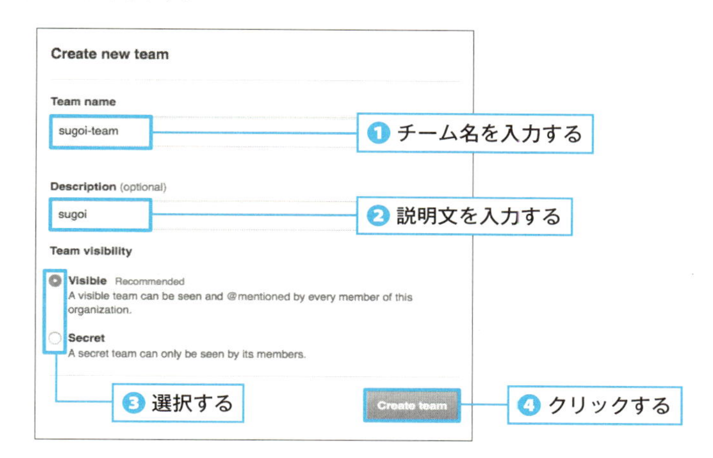

4 作業を完了する

「Create team」をクリックすると、作業が完了します。

Web チームにユーザーを追加する

1 オーガナイゼーション画面に移動する

オーガナイゼーションには、トップページのプルダウンからオーガナイゼーションを選択し、「View organization」から移動できます。

2 追加したいユーザーを入力する

右上にある入力フォームに追加したいユーザー名を入力します。

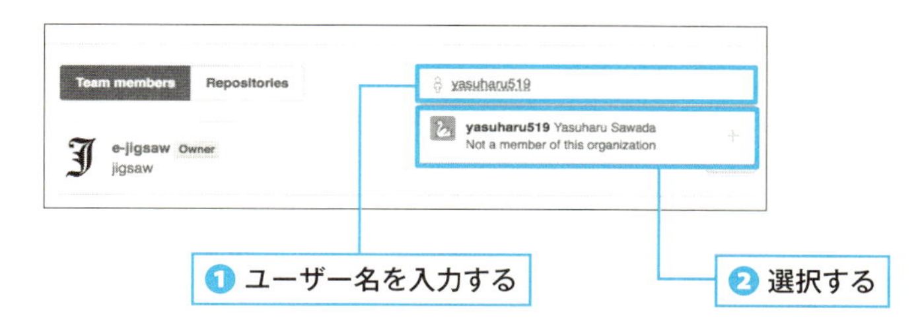

ユーザーのアクセス権を設定する

オーガナイゼーションに所属するユーザーの権限を設定することができます。

オーガナイゼーションの権限レベル

オーガナイゼーションには、OwnerとMemberの2つの権限があります。

Ownerはオーガナイゼーションに対するすべての変更が可能です。一方、Memberは以下のような権限に制限されます。

- チームの作成
- Project boardの作成
- オーガナイゼーション内のチームやメンバーの閲覧
- 公開チームのディスカッションの閲覧

クローズドでかつ少人数のオーガナイゼーションであれば、全員Ownerにしても問題ないないでしょう。

一方、オープンでかつ一定の規模以上になった場合は、一部のメンバーを除いて、ほとんどのユーザーをMember権限にするということが多いです。

Web ユーザーのアクセス権を設定する

1 オーガナイゼーション画面に移動する

オーガナイゼーションには、トップページのプルダウンからオーガナイゼーションを選択し、「View organization」から移動できます。

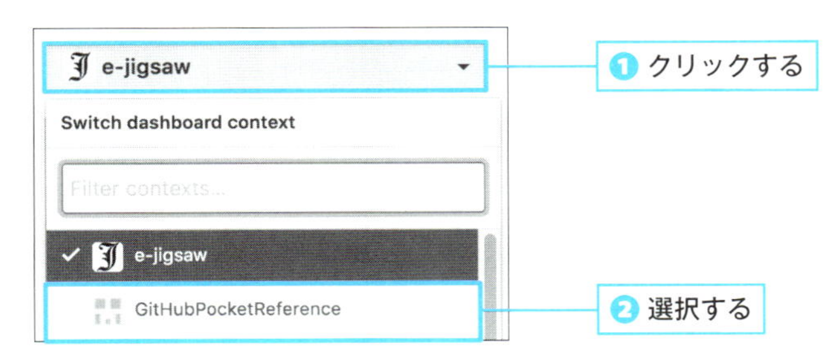

2 変更するユーザーを選択する

変更するユーザーをチェックボックスで選択します

3 権限の変更を選択する

Pullダウンから「Change role」を選択します。

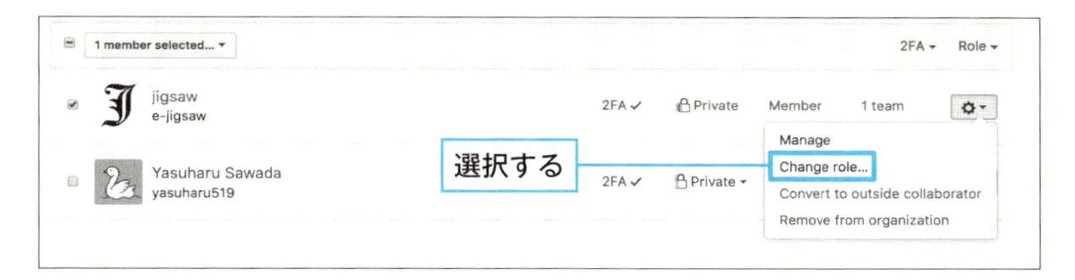

4 OwnerとMemberを選択する

「Owner/Member」をラジオボタンで選択します。

5 作業を完了する

「Change role」をクリックします。

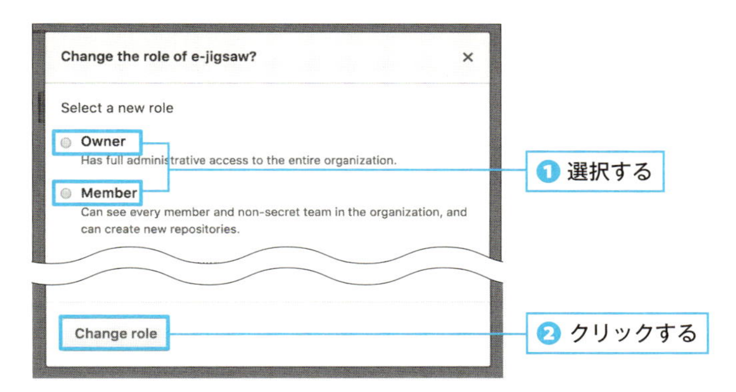

リポジトリのアクセス権を設定する

リポジトリにおいて、ユーザーやチームに対して権限を設定することで、リポジトリへのアクセスを制限することができます。

リポジトリの権限レベル

リポジトリの権限レベルは、Admin、Write、Readの3種類があります。

Read権のあるユーザーには、以下の権限が付与されます。

- リポジトリのPull、Fork
- Pull Requestの提出、レビュー
- Issueの作成
- Wikiの編集

Write権のあるユーザーには、Readでの権限に加えて以下の権限が付与されます。

- リポジトリへのPush
- Pull RequestのMerge、クローズ、レビュー
- Issueのクローズ、再オープン
- IssueにユーザーをAssign、Label、Milestoneの追加
- リリースの作成、編集
- Status checkの作成
- Issue/Pull RequestのLock
- 妨害やスパムの報告

Admin権を持つユーザーは、これらの他にリポジトリに対するすべての変更が可能です。リポジトリの権限は、チームに対して付与する場合と、ユーザーに対して付与する場合があります。

Web チームに対して権限を付与する

まず、チーム対して権限を付与する手順を説明します。

1 権限を変更したいリポジトリに移動する

権限を変更したいリポジトリに移動します。

2 チームを選択する

「Settings」を選択し、画面左のサイドメニューにある「Collaborators & teams」を選択します。

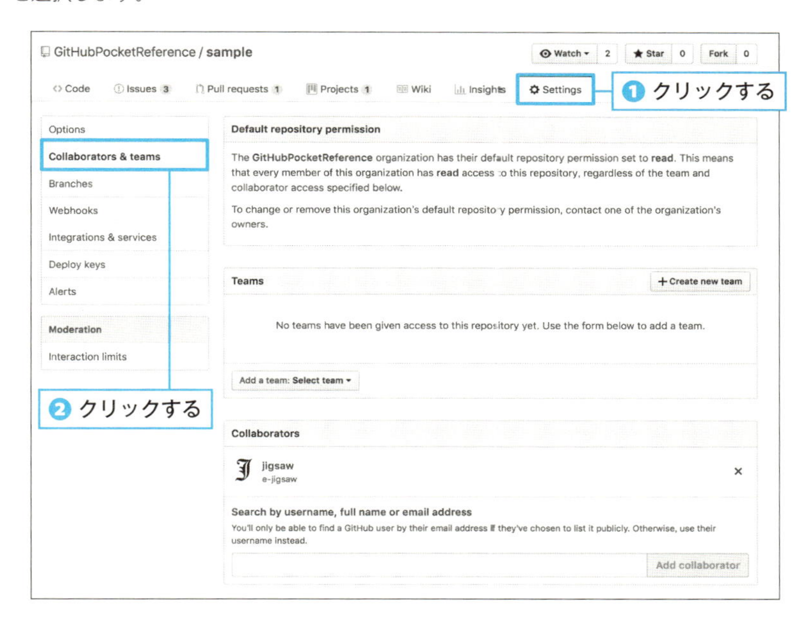

3 チームの権限を変更する

「Add team:Select team」をクリックして権限を付与したいチームを選択すると、チームに対するリポジトリへの権限が付与されます。

Web ユーザーに対して権限を付与する

次に、ユーザーに対して権限を不要する手順を説明します。

1 権限を変更したいリポジトリに移動する

権限を変更したいリポジトリに移動します。

2 ユーザーを選択する

「Settings」を選択し、画面左のサイドメニューにある「Collaborators & teams」を選択します。

Collaboratorsのフォームからアクセス権を付与したいユーザーのIDを入力し、ユーザーを選択します。

3 作業が完了する

「Add collaborator」をクリックしてユーザーの追加を完了します。

オーガナイゼーションのメンバーの公開／非公開を設定する

ユーザーがどのオーガナイゼーションに属しているかをプロフィールに表示するかどうかを設定で切り替えることができます。

プロフィール画面のオーガナイゼーション表示

プロフィールには、所属しているオーガナイゼーションを表示することができます。

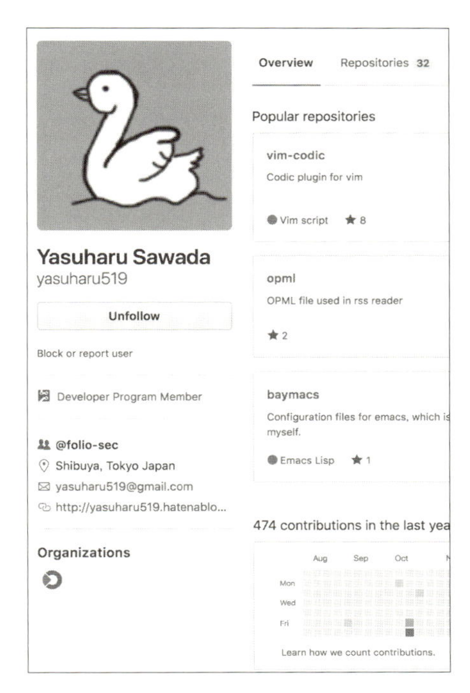

ただし、対外的にオーガナイゼーションに所属していることを明かしたくない場合は表示させないように設定することもできます。デフォルトでは、所属しているオーガナイゼーションは表示されません。

Web オーガナイゼーションのメンバーの公開／非公開を設定する

ここではオーガナイゼーションのメンバーの公開／非公開を設定する手順を説明します。

1 オーガナイゼーション画面に移動する

オーガナイゼーションには、トップページのプルダウンからオーガナイゼーションを選択し、「View organization」から移動できます。

2 公開／非公開を設定する

メンバーがオーガナイゼーションの所属情報を「public」にしている場合は、「private」に変更すると、非表示にすることができます

Tagを設定する

Tagを設定すると、任意のCommitにバージョン情報などの別名を付けることができます。

Tagとは

ソフトウェア開発において成果物にバージョンを付けることがありますが、Gitでもある一定の部分でTag(タグ)を付けて、特定のCommitに別名を付けることができます。目印となるTagを付けておくことにより、特定のブランチに移動するように、Tagの付いたCommitに容易に移動できるようになります。

例えば、git checkout v1.0を実行するとTag v1.0に移動することができます。

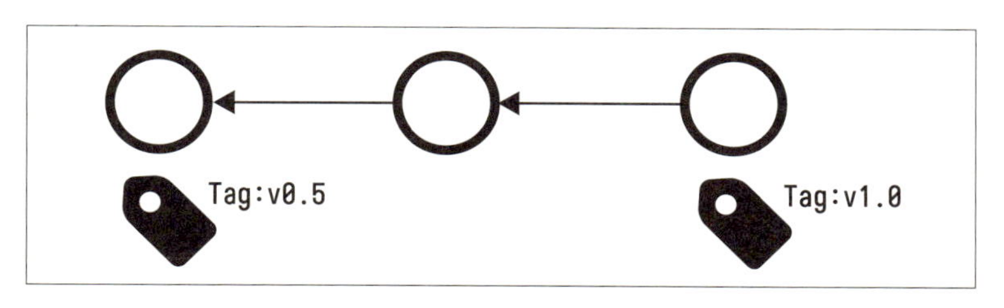

Tagには軽量(Lightweight)Tagと、注釈付き(Annotated)Tagの2種類あります。また、TagはWeb上もしくはコマンドラインから作成可能です。

軽量Tag

軽量Tagは以下のコマンドで作成できます。

書式

```
$ git tag Tag名
```

注釈付きのTag

注釈付きのTagは以下のコマンドで作成できます。

書式
```
$ git tag -a Tag名 -m メッセージ
```

注釈付きのTagでは、Tag作成時にメッセージを同時に保存することができます。

リポジトリ内のTagを確認する

現状設定されているTagを確認するには、以下のコマンドを実行します。

書式
```
git tag
```

コマンド Tagを作成する

ここでは、コマンドでTagを作成する手順について紹介します。現在のリポジトリに対して、v1.0という名前のTagを注釈付きで設定する場合を考えます。

1 Tagを設定したいリポジトリに移動する

ローカルリポジトリのTagを設定したいリポジトリまで移動します。

2 Tagを作成する

注釈付きのTagを作成します。作成に際しては以下のコマンドを実行します。

```
$ git tag -a 'v1.0' -m 'Version 1.0'
```

これで現在の最新Commitに対するTagを設定できます。

3 Tagが作成されたか確認する

現在のTag一覧を確認するために、以下のコマンドを実行します。

```
$ git tag
```

先ほど作成した「v1.0」というTagが以下のように表示されればTagの作成は完了です。

```
$ git tag
v1.0
```

4 GitHubに反映させる

ローカルリポジトリで作成したTagはGitHubに反映させる必要があります。GitHubへのTagの反映はgit pushコマンドで実行可能です。

```
$ git push origin v1.0
```

公開

Web Tagを作成する

Release（P.189）の作成を行うと、ReleaseとともにTagの作成が可能です。

1 Tagを設定したいリポジトリに移動する

Tagを設定したいリポジトリに移動します。

2 Releasesを作成する

「Releases」を選択します。

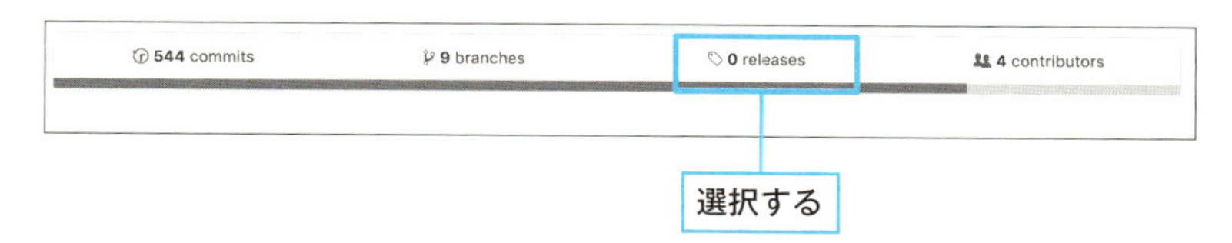

「Create a new release」をクリックします。

3 Tagの情報を入力する

「Tag version」にはTag名を入力し、「Target」ではTagのベースとなるブランチ名を指定します。その他のフィールドはRelease用であるため、入力する必要はありません。

「Publish release」をクリックすると、ReleaseとともにTagが作成されます。

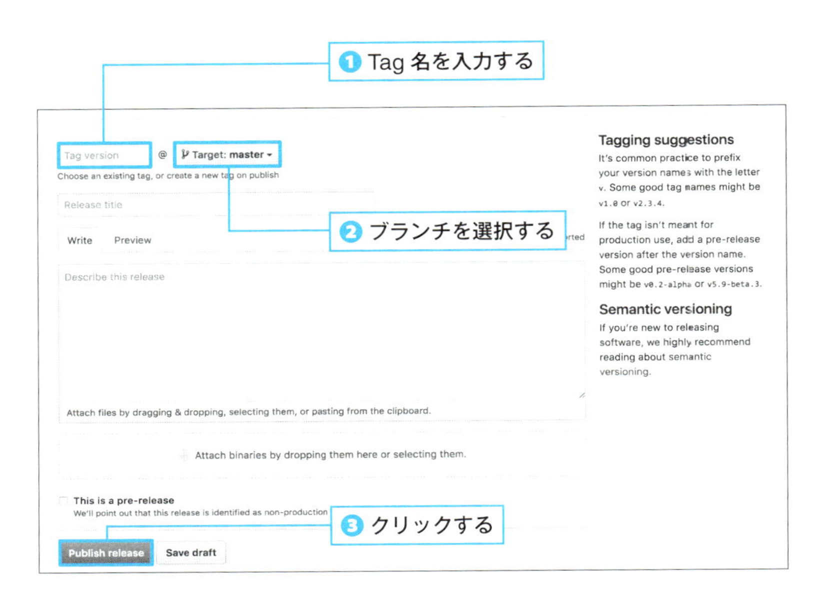

4 ローカルリポジトリに反映させる

3までで作成したTagをローカルリポジトリに反映させましょう。ローカルリポジトリへの反映は以下のコマンドで実行できます。

```
$ git fetch origin
```

Tag を削除する

誤って作成してしまったTagなどは消すことが可能です。

Tag の削除

誤ってTagを付けてしまった場合には、Tagの削除を行いましょう。ローカルリポジトリのTagは以下のコマンドで簡単に削除することができます。

書式

```
$ git tag -d 削除したいTag
```

リモートリポジトリのTagについても以下のコマンドで削除することができます。

書式

```
$ git push --delete origin 削除したいTag
```

コマンド　Tag を削除する

コマンドラインからv1.0のTagを削除する手順を紹介します。

1 ローカル上のTagを削除したいリポジトリに移動する

ローカル上のTagを削除したいリポジトリまで移動します。

2 Tagを削除する

v1.0のTagの削除を行います。

```
$ git tag -d v1.0
```

3 リモートリポジトリのTagを削除する

消したいTagがリモートリポジトリにも存在している場合、そちらも削除を行いましょう。以下のコマンドを実行します。

```
$ git push --delete origin v1.0
```

Web Tagを削除する

GitHubのReleasesに表示されているTagを削除する例として、Web上からv1.0のTagを削除する手順を紹介します。

1 Tagを削除したいリポジトリに移動する

Tagを削除したいリポジトリまで移動します。

公開

2 Tag設定画面に移動する

「xx releases」と表示されている部分を選択します。

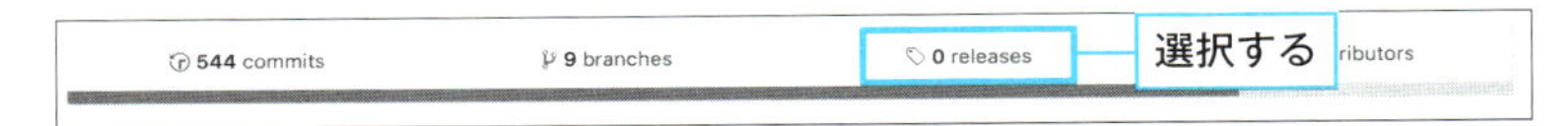

「Tags」を選択します。

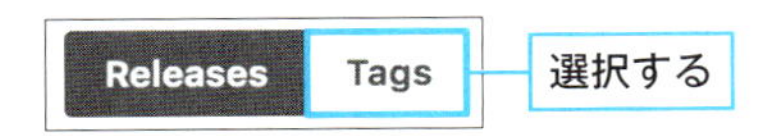

3 Tagを削除する

削除したいTagをクリックします。

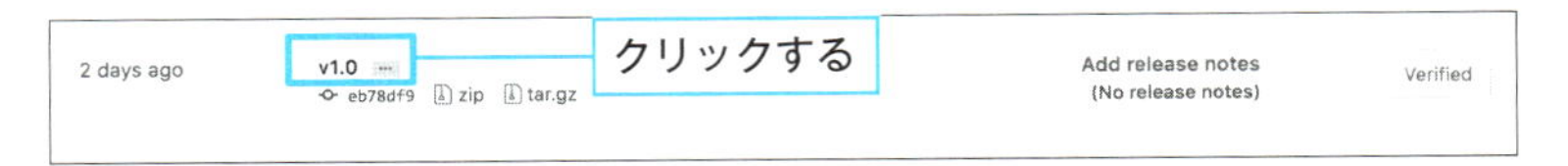

画面右上の「Delete」をクリックすると、以下の画面が表示されますので、「Delete this tag」をクリックします。Tagに紐づくReleaseが存在している場合、Tagだけを消すことができないため、先にReleaseを削除するようにしてください。

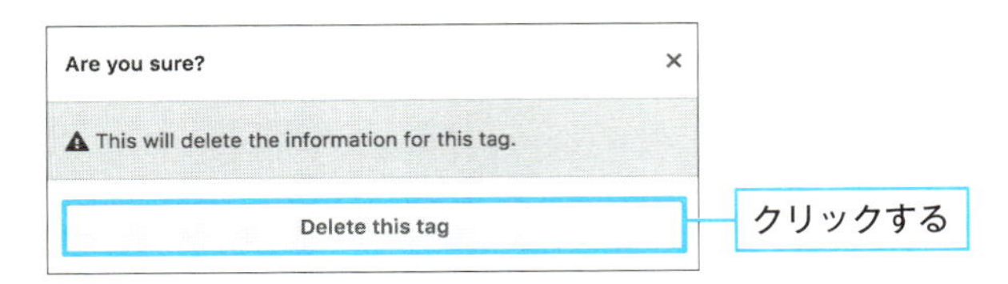

4 ローカルリポジトリのTagを削除する

削除したTagがローカルリポジトリにもTagが存在している場合は、ローカルリポジトリのTagも削除しましょう。

```
$ git tag -d v1.0
```

GitHubとローカルリポジトリでTagを同期する

GitHub上とローカルリポジトリ上のTagは、git pushコマンド、git fetchコマンドなどを実行して同期させる必要があります。

Tag情報の同期

GitHubとローカルのリポジトリについては別々になっており、Tagの状態を同期させるにはアクションが必要となっています。

GitHubにTagの設定情報を送ったり、GitHubからTagの設定情報を取得するには、git pushコマンド、git fetchコマンドを使用します。

ローカルリポジトリのTag情報をGitHubに反映させる

ローカルリポジトリで作成したTagをGitHubに反映させる場合は、git pushコマンドを使用します。

書式

```
$ git push リモートリポジトリ名 Tag名
```

v1.0のTagを以下のコマンドで作成するとします。

```
$ git tag v1.0
```

このTagをGitHubに反映させるには、以下のようにコマンドを実行します。

```
$ git push origin v1.0
```

GitHubのTag情報をローカルリポジトリに反映させる

他のユーザーが作成するなどによって、GitHubに反映されたTag情報をローカルリポジトリに反映させる場合は、git fetchコマンドを使用します。

書式

```
$ git fetch
```

git fetchコマンドを使用すると、各リモートリポジトリのブランチの情報などを取得するとともに、Tag情報の更新を行い、リモートリポジトリのTag情報がローカルリポジトリでも確認できるようになります。

コマンド ローカルリポジトリ上で作成したTagをGitHubに反映させる

ここでは、ローカルリポジトリで作成したv1.0のTagをGitHub上に反映させる手順について紹介します。

1 Tagを反映するローカルリポジトリに移動する

コマンドライン上で、ローカルリポジトリに移動します。

2 GitHubにgit pushコマンドでTag情報を反映させる

GitHubへのTagの反映にはgit pushコマンドを使用します。

```
$ git push origin v1.0
Total 0 (delta 0), reused 0 (delta 0)
To git@github.com:yasuharu519/sample
 * [new tag]         v1.0 -> v1.0
```

コマンド GitHub上のTag情報をローカルリポジトリに反映させる

GitHub上にあるv1.0のTag情報をローカルリポジトリに反映させる手順を紹介します。

1 Tagを反映するローカルリポジトリに移動する

コマンドライン上で、ローカルリポジトリに移動します。

2 git fetchコマンドを実行してTag情報を取得する

GitHubにあるTag情報をローカルリポジトリに反映させるにはgit fetchコマンドを使用します。

```
$ git fetch
From github.com:yasuharu519/github-pocket-reference
 * [new tag]         v1.0       -> v1.0
```

Tag情報を取得した場合は上記のようにnew tagと表示されます。git fetchコマンド実行後、git tagコマンドでも反映されたTagが確認できます。

```
$ git tag
v1.0
```

Release を作成する

Releaseを作成することで、特定のバージョンのソフトウェアをGitHub上で配布することができます。

Release を作成する

GitHub上で特定のバージョンのソフトウェアを配布するためのページを作成することができます。ReleaseはTagを元にして作成することができ、コンパイル済みの成果物もここで配布することができます。Releaseを利用することでGitHubをソフトウェアの配布場所として活用できます。

ReleaseについてはWeb hookによるAPI連携も可能なため、CI(Continuous Integration)と連携させることで、masterブランチのMergeのタイミングでReleaseを作成するといったことも可能です。

Web Release を作成する

GitHub上からReleaseを作成する手順について紹介します。この手順では特定のブランチをベースにTagを作成してReleaseを作ります。

今回は例としてmasterブランチをベースにv1.0のTagを作りつつ、Releaseを作成する手順を紹介します。

1 Tagを設定したいリポジトリに移動する

Tagを設定したいリポジトリに移動します。

2 Releasesを作成する

「Releases」を選択します。

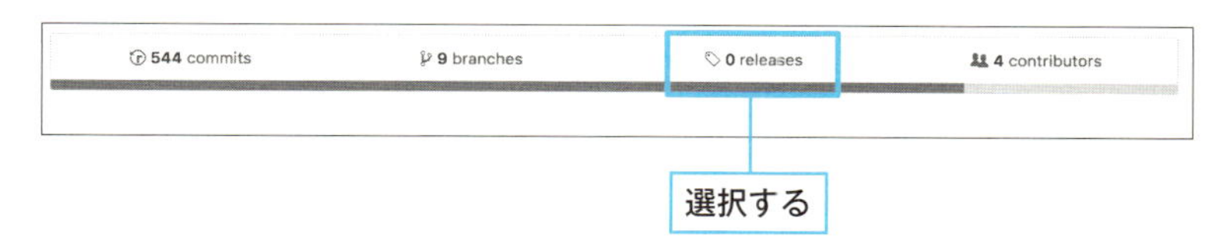

「Create a new release」をクリックします。

3 Tagの情報を入力する

「Tag version」にはTag名を入力し、「Target」ではTagのベースとなるブランチ名を指定します。今回はTag名にv1.0を入力し、Targetにmasterブランチを選択します。

「Release title」に見出し、「Describe this release」にReleaseの説明を記入します。

「This is a pre-release」にチェックを入れると、配布時にこのソフトウェアが安定版でないことを知らせます。開発版の場合はチェックしておきましょう。

コンパイル済みの成果物なども同時に配布したい場合は、「Attach binaries by dropping here or selecting them」に配布したい成果物をドラッグ&ドロップで追加します。「Publish release」をクリックすると、ReleaseとともにTagが作成されます。

なお、あとから編集したい場合は「Save draft」をクリックすると、Releaseはされず Draftとして保存されます。Draft として保存されたものは一般には公開され内容になり、後から編集が可能です。

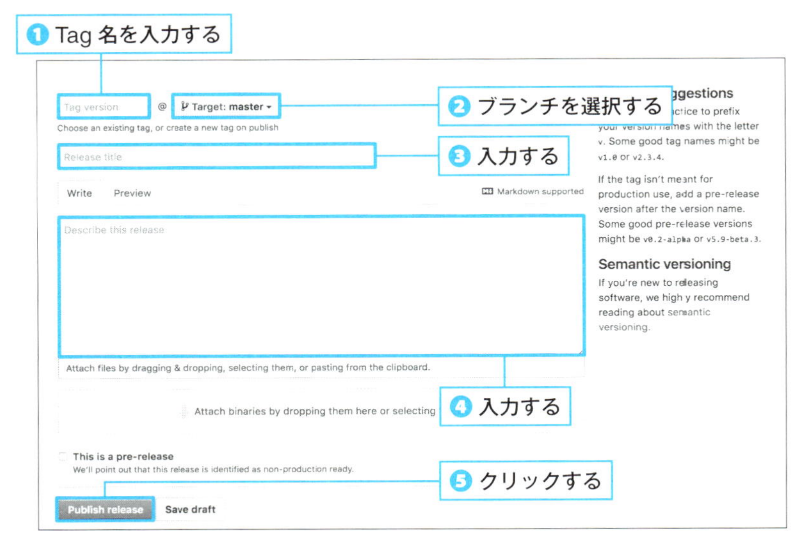

「This is a pre-release」をチェックすると、保存後に「Pre-release」と表示されます。

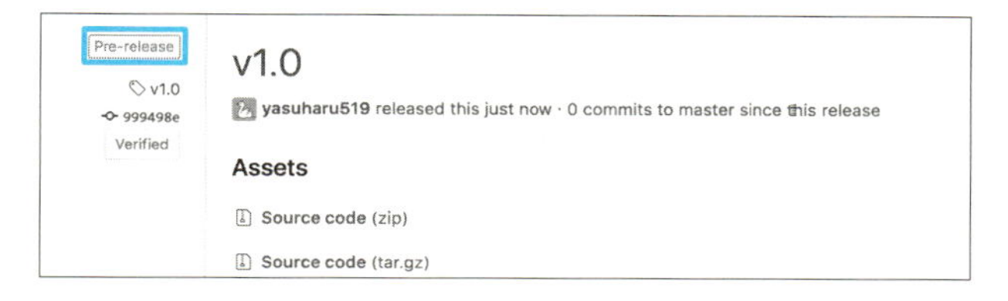

このチェックを外すと、「Latest release」という表示に変わります。

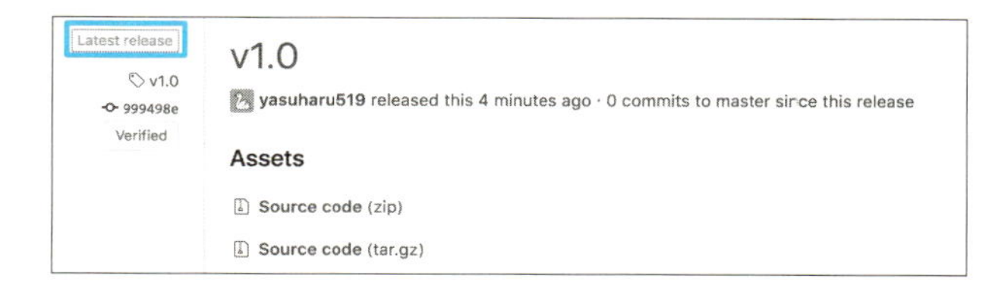

Release を編集する

Releaseは作成後も編集することが可能です。

Release を編集する

Releaseは、作成後も以下のような変更が可能です。

- Releaseのベースとなる Tagを変更する
- Releaseのタイトルを変更する
- Releaseの説明を変更する
- コンパイル済みの成果物などを追加する
- 安定版、pre-release版の属性を変更する

Web Release を編集する

1 Tagを設定したいリポジトリに移動する

Tagを設定したいリポジトリに移動します。

2 編集したいReleasesを選択する

「Releases」を選択します。

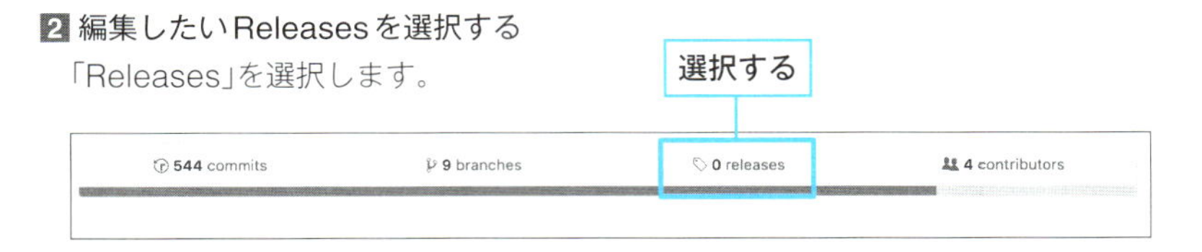

編集したいReleaseの右側に表示されている「Edit」をクリックします。

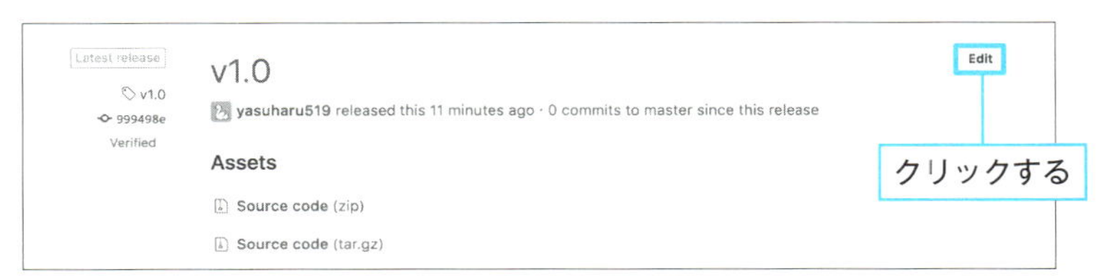

3 内容を更新して作業を完了する

編集画面で必要な個所を更新して「Update release」をクリックします。

「Save draft」をクリックすると下書きとして保存、「Update release」をクリックすると編集が完了します。

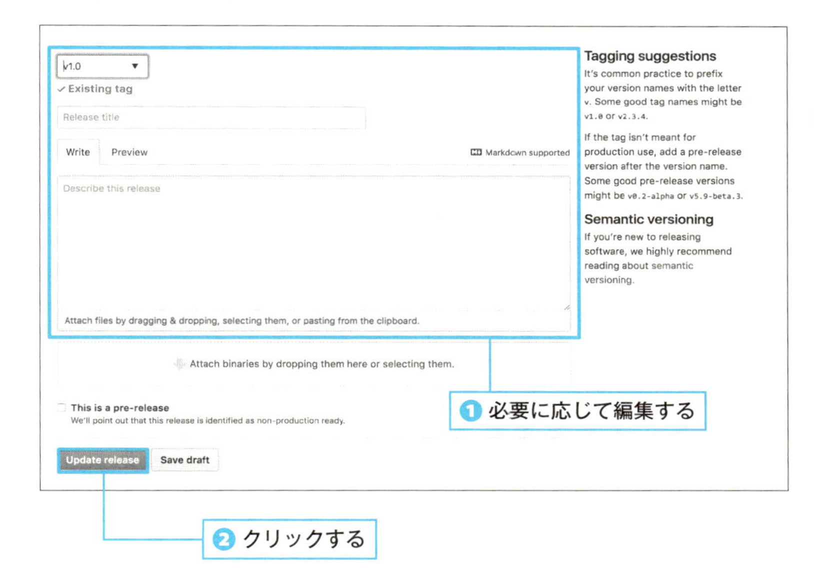

検索の書式について

GitHubの検索には独自の書式があり、これらを覚えておくと探したいファイルや、Issue、リポジトリを容易に探せるようになります。

GitHub の検索について

GitHubにおける検索では、管理されたリポジトリ内すべてを対象にしたり、特定のリポジトリ内を対象にすることができます。

また、以下の項目をそれぞれ検索することができます。

- リポジトリ
- トピックス
- Issue/Pull Request
- コード
- Commit
- トピックス(キーワード)
- Wiki
- ユーザー

GitHub内での書式を活用することで、検索したい対象をすばやく見つけることができるようになるでしょう。

特定の数値以上・以下を探す場合

「>」と「>=」を使うと、特定の値以上を検索できます。また、「<」と「<=」を使うと特定の値以下のものを検索できます。例えば、「"ポケットリファレンス"が含まれるStarが10以上付いているリポジトリ」を探す場合、以下のように検索クエリを記述します。

```
ポケットリファレンス stars:>=10
```

値には「YYYY-MM-DD」の形式で指定された日付も使用できます。例えば、「"ポケットリファレンス"が含まれる2018年1月1日以降に作られたIssue」を探す場合、以下のように検索クエリを記述します。

```
ポケットリファレンス created:>=2018-01-01
```

「..」を使って上限と下限を指定した検索も可能です。

例えば、「"ポケットリファレンス"が含まれるStarが10以上50以下のリポジトリ」を探す場合、以下のように検索クエリを記述します。

```
ポケットリファレンス stars:10..50
```

また、2018年7月30日から2018年9月30日までという期間を指定する場合は、以下のように検索クエリを記述します。

```
ポケットリファレンス 2018-07-30..2018-09-30
```


特定の結果を除く検索

NOTキーワードを使用することで、NOT以下に指定した単語を含まないものを検索できます。NOTは必ず大文字で入力してください。

例えば、「"ポケット"は含むが"リファレンス"は含まないリポジトリ」を探す場合、以下のように検索クエリを記述します。

```
ポケット NOT リファレンス
```

また「-」を付けることで、「-」を付けたクエリの結果を除いた検索ができます。

例えば、「"ポケットリファレンス"を含んでJavascriptで書かれたものを除いたリポジトリ」を探す場合、以下のように検索クエリを記述します。

```
ポケットリファレンス -language:javascript
```

Web GitHub全体を対象に検索を行う

1 GitHubのトップページに移動する

GitHubのトップページ(https://github.com/)に移動します。

2 入力ボックスに検索クエリを入力する

/ を押すとカーソルが入力ボックスに移動し、すぐに入力を開始できます。書式に沿って検索クエリを入力し、Enter を押すと、検索を行うことができます。

Web 特定のリポジトリ内で検索を行う

特定のリポジトリ内で検索を行うと、デフォルトではそのリポジトリ内を対象に検索を行います。

1 検索を行いたいリポジトリのページに移動する

検索を行いたいリポジトリのページに移動します。

2 入力ボックスに検索クエリを入力する

/ を押すとカーソルが入力ボックスに移動し、すぐに入力を開始できます。書式に沿って検索クエリを入力し、Enter を押すと現在のリポジトリ内を対象に検索を行います。

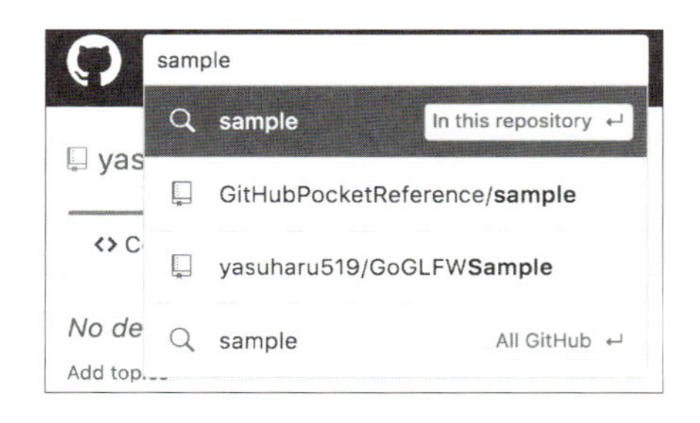

検索クエリを入力後、表示されるメニューの最下部にある「All GitHub」と書かれたメニューをクリックすると、現在のリポジトリ内ではなくGitHub全体を対象に検索を行うことも可能です。

リポジトリを探す

GitHubでリポジトリを探す際に絞り込みを行った検索が可能です。

検索するフィールドを指定した絞り込み

inキーワードを検索に使用することで、リポジトリ名やリポジトリの説明文、READMEにキーワードが含まれているものに絞り込みが可能です。

使用例	説明
in:name	リポジトリ名に含まれているものに絞り込む
in:description	リポジトリの説明文に含まれているものに絞り込む
in:readme	リポジトリのREADMEに含まれているものに絞り込む

例えば、以下のように検索クエリを実行すると、READMEにrailsが含まれているリポジトリだけ検索することができます。

```
rails in:readme
```

リポジトリのサイズを指定した絞り込み

sizeキーワードを使用すると、リポジトリのサイズでの絞り込みが可能です。指定する値はKB単位で指定します。

使用例	説明
size:n	サイズがちょうどnKBのリポジトリ
size:>=n	nKB以上のサイズのリポジトリ
size:<n	nKB未満のサイズのリポジトリ
size:n..m	nKB〜mKBのサイズのリポジトリ

例えば、以下のように検索クエリを実行すると、1MB以上のリポジトリのみに絞り込みが可能です。

```
size:>=1000
```

Fork数による絞り込み

forksキーワードを使用すると、Forkされている数での絞り込みが可能です。

使用例	説明
forks:n	Forkされている数がn個のリポジトリ
forks:>=n	Forkされている数がn個以上のリポジトリ
forks:<n	Forkされている数がn個未満のリポジトリ
forks:n..m	Forkされている数がn〜m個のリポジトリ

Star数による絞り込み

starsキーワードを使用すると、Star数での絞り込みも可能です。

使用例	説明
stars:n	Star数がnのリポジトリ
stars:>=n	Starの付いている数がn個以上のリポジトリ
stars:<n	Starの付いている数がn個未満のリポジトリ
stars:n..m	Starの付いている数がn〜m個のリポジトリ

検索対象にForkリポジトリを含める

リポジトリのForkについては、検索結果にデフォルトでは表示されないようになっています。

リポジトリのForkについても検索結果に含めたい場合は、fork:trueもしくはfork:onlyを指定する必要があります。

使用例	説明
fork:true	リポジトリのForkについても含めた検索
fork:only	リポジトリのForkのみを表示する検索

例えば、以下のように検索クエリを実行すると、railsというワードが含まれていて、Fork数が10以上のリポジトリのForkのみを表示します。

```
rails forks:>=10 fork:only
```

ユーザー名、オーガナイゼーション名で絞り込み

userキーワードを使用するとユーザー名、orgキーワードを使用するとオーガナイゼーション名での絞り込みが可能です

使用例	説明
user:USERNAME	USERNAMEで指定したユーザーのリポジトリのみ表示する
org:ORGNAME	ORGNAMEで指定したオーガナイゼーションのリポジトリのみ表示する

例えば、以下のように検索クエリを実行すると、GitHubユーザーのリポジトリのみに絞り込みを行います。

```
user:github
```

言語による絞り込み

使用されているプログラミング言語による絞り込みを行う場合は、languageキーワードを使用します。

使用例	説明
language:LANGUAGE	LANGUAGEで指定したプログラミング言語が使用されているリポジトリのみ表示する

例えば、以下のように検索クエリを実行すると、Rubyで書かれたrailsが含まれるリポジトリのみ表示します。

```
rails language:ruby
```

Web Rubyで書かれた人気リポジトリのみ検索を行う

人気のリポジトリを検索したい場合は、Star数を使った検索が有効です。Star数が2万以上でかつRuby製のリポジトリを検索する場合の手順を紹介します。

1 GitHubのトップページに移動する

GitHubのトップページ(https://github.com/)に移動します。

2 入力ボックスに検索クエリを入力する

/ を押すとカーソルが入力ボックスに移動し、すぐに入力を開始できます。以下のように、検索クエリを入力し、Enter を押して検索を行うことができます。

```
language:ruby stars:>=20000
```

3 画面左のメニューから「Repositories」を選択する

ここでは「Repository」を選択し、検索結果の中でもリポジトリの結果のみを確認します。

コードを探す

GitHubでホストされているすべてのリポジトリから対象のコードを探したり、特定のユーザーやオーガナイゼーションの中からコードを検索することができます。

検索するフィールドを指定した絞り込み

inキーワードを検索に使用することで、ファイルの内容やファイルパスにキーワードが含まれているものに絞り込みが可能です。

使用例	説明
in:file	キーワードを内容に含むファイルに絞り込む
in:path	キーワードをパスに含むファイルに絞り込む

例えば、以下のように検索クエリを実行すると、ファイルパスに「rails」が含まれるファイルに絞り込みを行って検索を行います。

```
rails in:path
```

ユーザー・オーガナイゼーションを指定した絞り込み

userキーワードを使用することで、ユーザー名、orgキーワードによるオーガナイゼーション名での絞り込みが可能です。

使用例	説明
user:USERNAME	USERNAMEで指定したユーザーのリポジトリの中から検索を行う
org:ORGNAME	ORGNAMEで指定したオーガナイゼーションのリポジトリの中から検索を行う

例えば、以下のように検索クエリを実行すると、「ghpokeri」というユーザー名のユーザーのリポジトリからrailsというワードが含まれるものを検索した結果を表示します。

```
rails user:ghpokeri
```

リポジトリを指定した絞り込み

使用例	説明
repo:USERNAME/REPOSITORY	指定したユーザー、リポジトリの中から検索を行う

例えば、以下のように検索クエリを実行すると、rails/railsのリポジトリからファイル名Gemfileのファイルを検索します。

```
filename:Gemfile repo:rails/rails
```

言語を指定した絞り込み

languageキーワードを使用することで、使用されているプログラミング言語による絞り込みを行います。

使用例	説明
language:LANGUAGE	LANGUAGEで指定したプログラミング言語が使用されているコードの中から検索を行う

例えば、以下のように検索クエリを実行すると、「rails」が含まれるRubyで書かれたファイルを検索します。

```
rails language:ruby
```

ファイルサイズを指定した絞り込み

sizeキーワードを使用すると、コードを含んだファイルのファイルサイズでの絞り込みが可能です。指定する値はバイト単位で指定します。<、<=、>、>=などの比較記号も使用可能です。

使用例	説明
size:>n	コードを含むファイルのサイズがnバイトより大きいものから検索を行う

例えば、以下のように検索クエリを実行すると、「rails」が含まれる1KB以下のファイルを検索します。

```
rails size:<=1000
```

ファイル名を指定した絞り込み

filenameキーワードを使用することで、ファイル名による絞り込みが可能です。

使用例	説明
filename:FILENAME	FILENAMEというファイル名の中から検索を行う

例えば、以下のように検索クエリを実行すると、ファイル名が「.vimrc」の中から「nnoremap」を含んだファイルを検索します。

```
nnoremap filename:.vimrc
```

拡張子から探す

extensionキーワードを使用することで、拡張子による絞り込みも可能です。

使用例	説明
extension:rb	.rbという拡張子の中から検索を行う

例えば、以下のように検索クエリを実行すると、拡張子が.rb、「rails」というコードを含んだファイルを検索します。

```
rails extension:rb
```

Web rails/rails リポジトリの中から class が使用されているコードを検索する

参考にしたいリポジトリの中で、コードがどのように書かれているかを確認したい場合などで、GitHubの絞り込み検索はとても有効です。

rails/rails リポジトリの中で使われている class の書き方を参考にする場合の検索クエリを見てみましょう。

1 GitHubのトップページに移動する

GitHubのトップページ(https://github.com/)に移動します。

2 入力ボックスに検索クエリを入力する

/ を押すとカーソルが入力ボックスに移動し、すぐに入力を開始できます。以下のように、language キーワードに「ruby」、repo キーワードに「rails/rails」を指定して記述します。

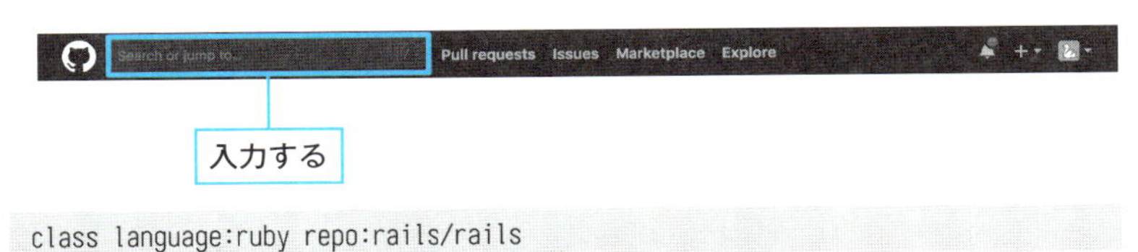


```
class language:ruby repo:rails/rails
```

3 画面左のメニューから「Code」を選択する

ここでは「Code」を選択し、rails/rails リポジトリの中で Ruby で書かれている class のコード検索を行います。

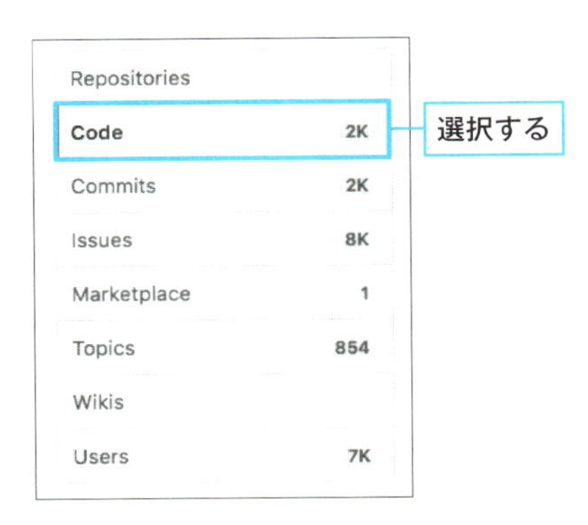

ユーザーを探す

GitHub上のユーザーを絞り込みを行って検索することができます。

探す対象を指定した検索

GitHubには、ユーザーとオーガナイゼーションがあるため、typeキーワードを使用して、どちらを探したいか指定して検索を行うことができます。

使用例	説明
type:user	個人ユーザーに対象を絞って検索する
type:org	オーガナイゼーションに対象を絞って検索する

例えば、以下のように検索クエリを実行すると、ユーザー名に「github」が含まれる個人ユーザーを検索します。

```
github type:user
```

また、以下の例では、「github」が含まれるオーガナイゼーション名を検索します。

```
github type:org
```

検索するフィールドを指定した検索

inキーワードを使用することで、検索したいワードが含まれるフィールドを指定することができます。

使用例	説明
in:email	検索したいワードがEmailに含まれるユーザーを検索する
in:login	検索したいワードがログインユーザーアカウント名に含まれるユーザーを検索する
in:fullname	検索したいワードがプロフィールで設定する氏名に含まれるユーザーを検索する

例えば、以下のように検索クエリを実行すると、ログインユーザーアカウント名に「ghpokeri」が含まれるユーザーを検索します。

```
ghpokeri in:login
```

リポジトリ数による絞り込み

reposキーワードを使用することで、保持しているリポジトリ数に応じた絞り込みが可能です。<、<=、>、>=などの比較記号、n..mのような範囲指定も使用可能です。

使用例	説明
repos:>n	保持するリポジトリ数がnより多いユーザーを検索する

例えば、以下のように検索クエリを実行すると、1,000以上のリポジトリを保持するユーザー/オーガナイゼーションを検索します。

```
repos:>=1000
```

ユーザーの所在地による絞り込み

locationキーワードを使用することで、ユーザーのプロフィールで設定された所在地による絞り込みができます。

使用例	説明
location:LOCATION	所在地をLOCATIONと指定しているユーザーを検索する

例えば、以下のように検索クエリを実行すると、所在地をshibuyaとしているユーザーを検索します。

```
location:shibuya
```

ユーザー・オーガナイゼーションがよく使用している言語による絞り込み

languageキーワードを使用することで、ユーザーが保持しているリポジトリ内で使われている言語による絞り込みが可能です。

使用例	説明
language:LANGUAGE	LANGUAGEで指定した言語で書かれたリポジトリを持っているユーザーで絞り込みを行う

例えば、以下のように検索クエリを実行すると、Rubyでコードを書いているユーザーで絞り込みを行います。

```
language:ruby
```

ユーザーアカウントの作成日による絞り込み

createdキーワードを使用することで、GitHubにアカウントが作成された時間による絞り込みを行うことができます。<、<=、>、>=などの比較記号、n..mのような範囲指定も使用可能です。

使用例	説明
creates:>2018-08-01	2018年8月1日以降に作成されたユーザーアカウントを検索する

例えば、以下のように検索クエリを実行すると、2018年10月1日から2019年1月1日までに作成されたアカウントが作成されたユーザーを検索します。

```
created:2018-10-01..2019-01-01
```

フォロワ数による絞り込み

followersキーワードを使用することで、ユーザーのフォロワ数による絞り込みが可能です。<、<=、>、>=などの比較記号、n..mのような範囲指定が使用可能です。

使用例	説明
followers:>=n	フォロワ数がn以上のユーザーを検索する

例えば、以下のように検索クエリを実行すると、フォロワ数が10,000人より多いユーザーを検索します。

```
followers:>10000
```

Web Go言語で書くユーザーの中で影響力の強いユーザーを検索する

例えば、Go言語でよく書いているユーザーの中で、影響力の強いユーザーを検索したい場合、languageキーワード、followersキーワードを使用した絞り込みが有効でしょう。Go言語をよく使用しているユーザーの中でフォロワ数が5,000以上のユーザーを検索する手順を紹介します。

1 GitHubのトップページに移動する

GitHubのトップページ(https://github.com/)に移動します。

2 入力ボックスに検索クエリを入力する

/ を押すとカーソルが入力ボックスに移動し、すぐに入力を開始できます。以下のように、languageキーワードに「go」、followersキーワードに「5000」を指定して記述します。

```
language:go followers:>=5000
```

3 画面左のメニューから「Users」を選択する

ここでは「Users」を選択し、検索結果の中でもユーザーのものだけ見るようにします。

Issue・Pull Requestを探す

GitHub上のIssueやPull Requestについて絞り込みを行った検索が可能です。

Issue か Pull Request かを指定した検索

デフォルトでは、IssueとPull Requestがともに表示されます。isキーワードもしくはtypeキーワードを使用すると、どちらかのみを表示させることが可能になります。

使用例	説明
type:pr	Pull Requestのみに対象を絞って検索する
is:pr	Pull Requestのみに対象を絞って検索する
type:issue	Issueに対象を絞って検索する
is:issue	Issueに対象を絞って検索する

例えば、以下のように検索クエリを実行すると、Issue内に「rails」が含まれるものを検索します。

```
rails type:issue
```

検索するフィールドを指定する

inキーワードを使用することで、検索したいワードが含まれるフィールドを指定することができます。

使用例	説明
in:title	検索したいワードがタイトルに含まれるものに絞って検索する
in:body	検索したいワードが本文に含まれるものに絞って検索する
in:comments	検索したいワードがコメントに含まれるものに絞って検索する

例えば、以下のように検索クエリを実行すると、タイトルに「rails」が含まれるPull Requestを検索します。

```
rails in:title is:pr
```

また、コンマで複数を指定することも可能です。以下の例では、タイトルもしくは本文に「rails」が含まれるPull Requestを検索しています。

```
rails in:title,body is:pr
```

特定のユーザー・オーガナイゼーション・リポジトリで絞り込む

特定のユーザー・オーガナイゼーションや、特定のリポジトリの中でIssueやPull Requestの検索を行うことができます。

使用例	説明
user:USERNAME	USERNAMEで指定したユーザーに対象を絞って検索する
org:ORGANIZATION	ORGANIZATIONで指定したオーガナイゼーションに対象を絞って検索する
repo:USERNAME/REPOSITORY	USERNAME/REPOSITORYで指定したリポジトリ内に対象を絞って検索する

例えば、以下のように検索クエリを実行すると、kubernetes/kubernetesリポジトリ内でopenとなっているIssueを検索します。

```
repo:kubernetes/kubernetes is:open is:issue
```

リポジトリがパブリックかプライベートかで絞り込む

is:publicキーワード、is:privateキーワードを使用することで、パブリックリポジトリ、プライベートリポジトリを指定して検索が可能です。

使用例	説明
is:public	パブリックリポジトリの中から検索する
is:private	プライベートリポジトリの中から検索する

例えば、以下のように検索クエリを実行すると、プライベートリポジトリの中で「rails」が含まれるIssueやPull Requestを検索します。

```
rails is:private
```

Issue・Pull Requestの状態で絞り込む

is:mergedキーワード、is:unmergedキーワードを使用することで、Pull RequestがMerge済みかどうかで絞り込みが可能です。

また、Issueの場合はstate:open、state:closedを指定して状態を指定した絞り込みができます。

使用例	説明
is:merged	Merge済みのPull Requestに対象を絞って検索する
is:unmerged	MergeされていないPull Requestに対象を絞って検索する
state:open	オープン状態のIssue・Pull Requestに対象を絞って検索する
is:open	オープン状態のIssue・Pull Requestに対象を絞って検索する
state:closed	クローズ状態のIssue・Pull Requestに対象を絞って検索する
is:closed	クローズ状態のIssue・Pull Requestに対象を絞って検索する

例えば、以下のように検索クエリを実行すると、MergeされていないPull Requestのみを検索することができます。

```
is:pr is:unmerged
```

また以下の例では、closeされていないIssueのみを表示することができます。

```
is:issue is:open
```

Issue・Pull Requestとユーザーの関係性で絞り込む

authorキーワード、assigneeキーワードなどを使用すると、特定のユーザーとIssue・Pull Requestの関係性から検索することが可能です。

使用例	説明
author:USERNAME	USERNAMEで指定したユーザーが作成したIssue・Pull Requestに対象を絞って検索する
assignee:USERNAME	USERNAMEで指定したユーザーがAssignされているIssue・Pull Requestに対象を絞って検索する
mentions:USERNAME	USERNAMEで指定したユーザーがメンションされているIssue・Pull Requestに対象を絞って検索する
commenter:USERNAME	USERNAMEで指定したユーザーがコメントしているIssue・Pull Requestに対象を絞って検索する
involves:USERNAME	USERNAMEで指定したユーザーがauthor、assignee、mentions、commenterのどれかにあたるIssue・Pull Requestに対象を絞って検索する

例えば、以下のように検索クエリを実行すると、「octcat」というユーザーが作成し、メンションが付けられた「rails」というキーワードが含まれたPull Requestを検索します。

```
rails is:pr author:octcat mentions:octcat
```

Issue・Pull RequestのLabel・Milestoneで絞り込む

Issue・Pull Requestには管理のためのLabelや、Milestoneと紐付けることができます。そういったLabelやMilestoneからも絞り込みが可能です。

使用例	説明
labels:LABEL	LABELで指定されたラベルが付いたIssue・Pull Requestに対象を絞って検索する
milestone:MILESTONE	MILESTONEで指定したMilestoneに紐付いているIssue・Pull Requestに対象を絞って検索する
no:label	Labelの付いていないIssue・Pull Requestに対象を絞って検索する
no:milestone	Milestoneに紐付いていないIssue・Pull Requestに対象を絞って検索する

例えば、以下の検索クエリではfeatureラベルが付いており、releaseマイルストーンに紐付いているPull Requestを検索します。

```
is:pr labels:feature milestone:release
```

Pull Requestのブランチ名で絞り込む

Pull Request時にはMerge元とMerge先の2つのブランチ名を指定しますが、それらのブランチ名でも絞り込みができます。

使用例	説明
head:BRANCH_NAME	Merge時に取り込まれる側のブランチ名がBRANCH_NAMEのものに対象を絞って検索する
base:BRANCH_NAME	Merge時にベースとなるブランチ名がBRANCH_NAMEのものに対象を絞って検索する

例えば、以下のように検索クエリを実行すると、Pull Requestでベースとなるブランチがmasterブランチのpull Requestを検索します。

```
base:master
```

日付から絞り込む

各アクションが行われた日付からも絞り込みが可能です。<、<=、>、>=などの比較記号、n..mのような範囲指定も使用可能です。

使用例	説明
created:2018-08-01	2018年8月1日に作成されたIssue・Pull Request
updated:>=2018-08-01	2018年8月1日以降に更新されたIssue・Pull Rquest
merged:2018-08-01	2018年8月1日にMergeされたPull Request
closed:2018-08-01	2018年8月1日にクローズされたIssue・Pull Request

例えば、以下のように検索クエリを実行すると、2018年8月1日よりも前にMergeされた「rails」というワードを含むPull Requestを検索します。

```
rails merged:<2018-08-01
```

Issue・Pull Request のコメント数から絞り込む

comments キーワードを使用すると、コメント数からも絞り込みができます。<、<=、>、>= などの比較記号、n..m のような範囲指定も使用可能です。

使用例	説明
comments:>n	コメント数がnより多いIssue・Pull Requestに対象を絞って検索する

例えば、以下のように検索クエリを実行すると、コメントが2,000以上あるIssue・Pull Requestを検索します。

```
comments:>=2000
```

Web 自分と似たようなエラーが起こっている Issue がないか検索する

自分が予期せぬエラーに出会ったとき、他のユーザーも同じようなエラーに出会っているかもしれません。そのエラーがOSSのバグによるものだった場合、Issueが既に作成されていることもあり、そこで行われている議論が問題解決に役立つことがあります。

ここでは、kubernetes/kubernetesリポジトリ内でerrorという文字が本文に記載されたIssueを検索する場合を考えます。

1 GitHubのトップページに移動する

GitHubのトップページ（https://github.com/）に移動します。

2 入力ボックスに検索クエリを入力する

/ を押すとカーソルが入力ボックスに移動し、すぐに入力を開始できます。以下のように、検索クエリを記述します。

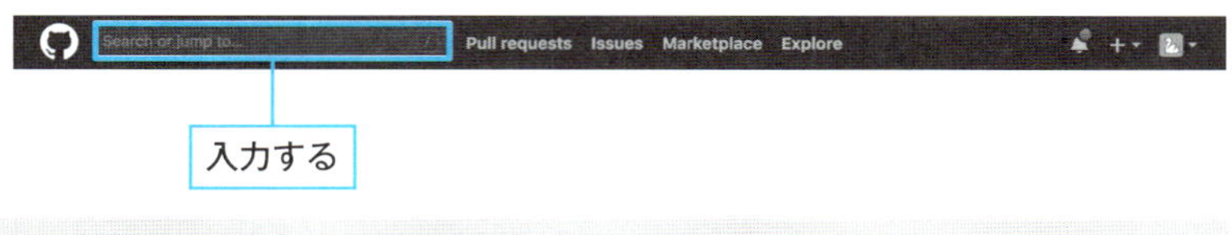


```
repo:kubernetes/kubernetes error in:body is:issue
```

3 画面左のメニューから「Issues」を選択する

ここでは「Issues」を選択して結果を表示します。マッチ数が多い場合は「created:2017-08-01」など作成日時を入れて絞り込みを行うとよいでしょう。

自分の Star から探す

自分がStarを付けたリポジトリの中から検索を行うことができます。

自分の Star から探す

気になったリポジトリがあれば、そのリポジトリにStarを付けて管理することができます。Starを付けたリポジトリは、一覧ページ(https://github.com/stars)から確認することができます。

この一覧ページでも、検索クエリを使用して絞り込みを行うことができます。

言語による絞り込み

検索ボックスの横に「Language」ボタンがあります。

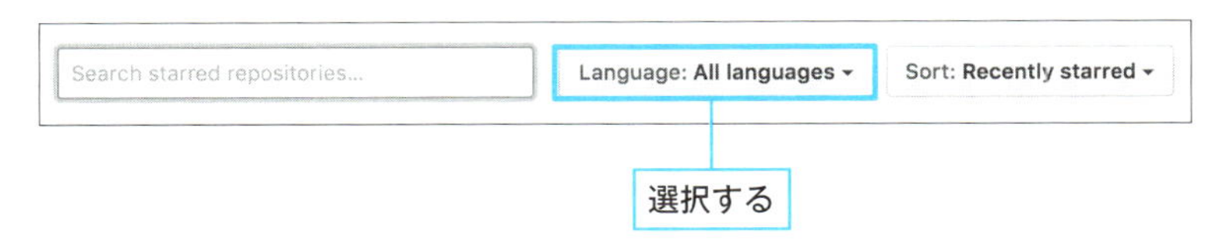

言語を選択することでその言語が使われているリポジトリのみに絞り込みを行うことができます。

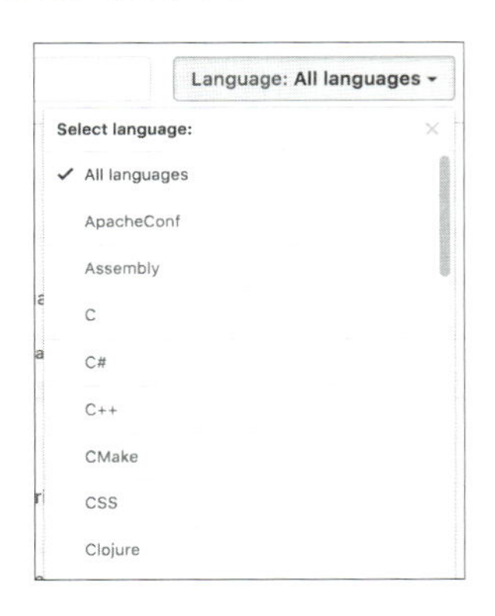

Star数による絞り込み

検索ボックスにてstarsキーワードを使用すると、Star数での絞り込みも可能です。

使用例	説明
stars:n	Star数がnのもの
stars:>=n	n個以上Starが付いているリポジトリ
stars:<n	n個未満Starが付いているリポジトリ
stars:n..m	nからm個Starが付いているリポジトリ

例えば、以下のように検索クエリを実行すると、自分がStarを付けたリポジトリの中で、100以上Starが付いているリポジトリを検索します。

```
stars:>=100
```

Fork数による絞り込み

forksキーワードを使用すると、Forkされている数での絞り込みが可能です。

使用例	説明
forks:n	Forkされている数がn個のリポジトリ
forks:>=n	Forkされている数がn個以上のリポジトリ
forks:<n	Forkされている数がn個未満のリポジトリ
forks:n..m	Forkされている数がn～m個のリポジトリ

例えば、以下のように検索クエリを実行すると、自分がStarを付けたリポジトリの中で、Fork数が100以下のリポジトリを検索します。

```
forks:<=100
```

Web 自分がStarを付けたJavaScriptのリポジトリを検索する

自分がStarを付けたリポジトリの中で検索を行いたい場合は、Starの一覧ページから検索を行います。

1 Your starsページに移動する

画面右上のプロフィールアイコンをクリックして、「Your stars」をクリックします。「Your stars」ページは自分がStarを付けたリポジトリが一覧できるページです。

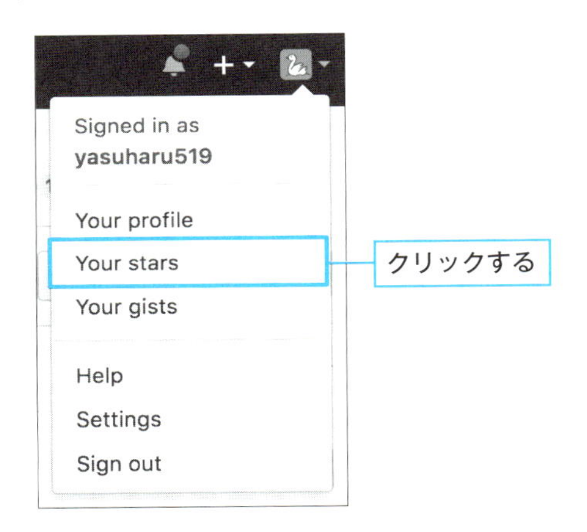

2 「Language」で言語を選択する

検索ボックスのとなりに「Language」という欄があります。ここで言語を選択すると、その言語に関する検索結果が表示されます。

例えば、「JavaScript」を選択した場合、自分がStarを付けたリポジトリの中でJavaScriptで書かれたリポジトリのみが表示されます。ヒット数が多すぎる場合は検索ボックス内に検索クエリを書くことで絞り込みが可能です。

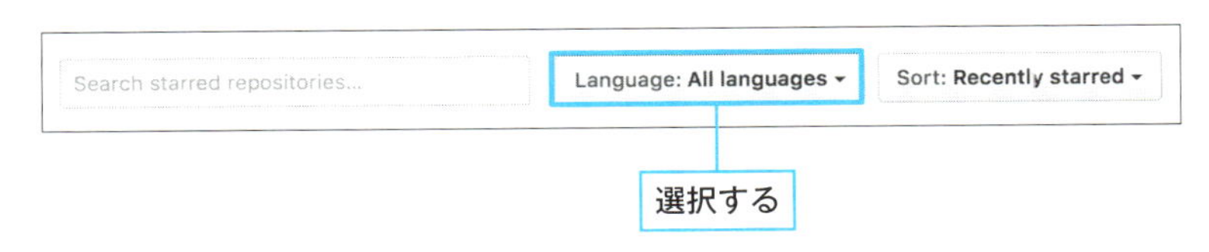

トレンドから探す

Trendingページでは、Starが多くついているような話題のリポジトリを探すことができます。

トレンドから探す

GitHubでは、Trending(https://github.com/trending)と呼ばれるページが存在しており、特定の期間にStarを集めている話題のリポジトリなどを見つけることができます。

言語で絞り込みを行うことも可能で、特定の言語コミュニティで新しく開発されたOSSなどを知ることができます。

Web 当日に話題となったリポジトリを探す

Trendingのページでは、その当日にStarが多く付いた話題のリポジトリを一覧で見ることができます。

1「Explore」をクリックする

GitHubのトップページ(https://github.com/)の上部にある「Explore」をクリックします。ExploreのWebページでは、OSSに関するさまざまなトピックなどがまとめられています。

2「Trending repositories」をクリックする

ページの真ん中辺りにある「Trending repositories」をクリックします。

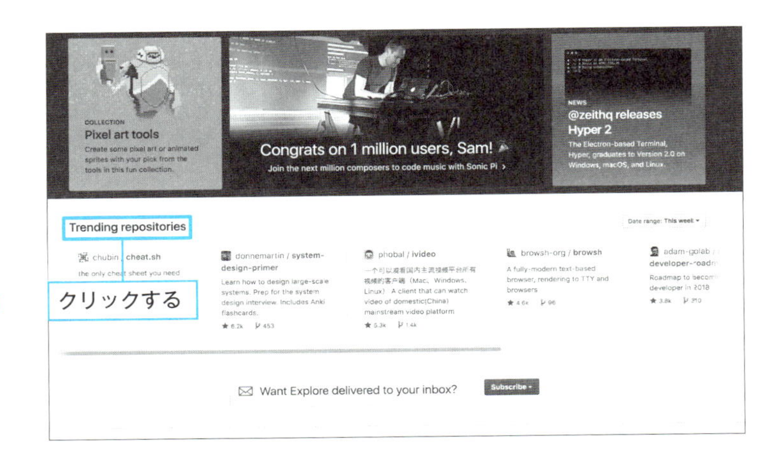

3 「Trending」ページでリポジトリを確認する

「Trending」ページでは、当日Starが多く付いたリポジトリを一覧で確認することができます。「Trending:today」をクリックし、this week、this monthなどにすることで集計期間を週間や月間に変更することができます。

また、ページ右側のAll languagesが選択されている部分で、特定の言語を選択することで言語による絞り込みも可能です。

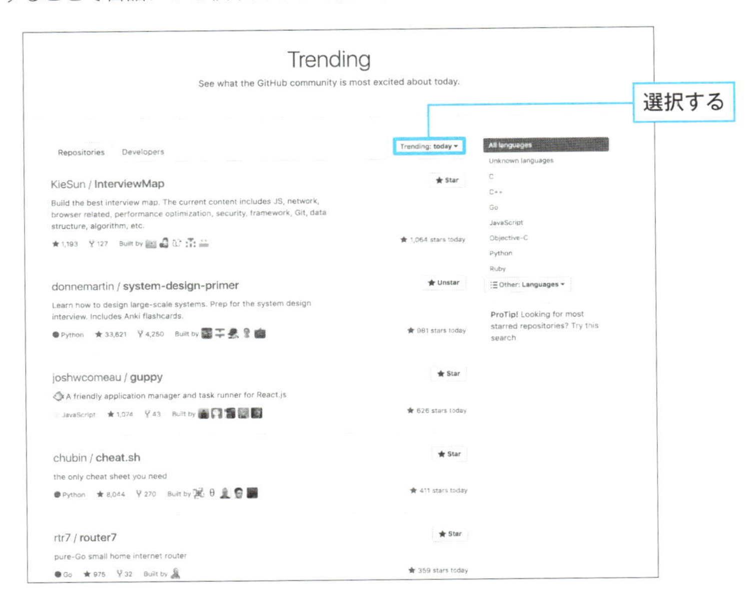

通知を受け取る設定を行う

リポジトリの更新やIssueのアップデートのWatch設定を行うと、GitHub上やE-mail経由で更新通知を受け取れます。

通知とは

GitHubで気になるリポジトリを見つけた場合や、新しい機能や修正の提案のためにPull Requestが開かれて気になる議論が行われていた場合、自分で日々の更新を追うのは大変です。

GitHubでは、それらの更新があった場合に通知してくれる機能があります。通知は以下のような形で受け取れます。

- GitHub内の通知ページでの確認
- E-mail経由での確認

GitHub内の通知ページへは、Webページ右上に表示される「ベルアイコン」から移動できます。

通知の種類

通知の種類は、大きく以下の2つに分けられます。

- 自分が参加しているものに対する通知
- 自分がWatch登録したリポジトリに対する通知

なお、自分で行った行動に対する通知は来ないように設定されています。

自分が参加しているものに対する通知

自分が参加しているものに対しての通知とは、例えば以下のようなものです。

- IssueやPull Requestで自分がメンションを付けられた場合
- IssueやPull Requestで自分がAssignされた場合
- IssueやPull RequestでSubscribeボタンを押しており、新しい更新があった場合

- 自分が作成したIssueやPull RequestにコメントやApproveなどの更新があった場合

自分が参加しているものに対する通知は、GitHubの画面右上のベルマークをクリックし通知ページに移動して「Participating」をクリックすることで確認できます。

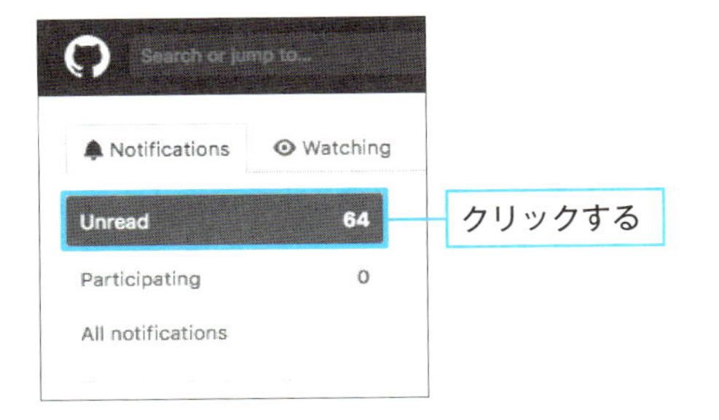

自分がWatch登録したリポジトリに対する通知

自分がWatch登録したリポジトリに対する通知とは、例えば以下のようなものです。

- 新しくIssueやPull Requestが作成された場合
- Open状態のIssueやPull Requestに新しいコメントが付いた場合
- Commitへのコメントが付いた場合

自分が参加しているオーガナイゼーションで新しく作られたリポジトリや、自分が作成したリポジトリは基本的にWatchしているものとなります。

リポジトリの右上に表示された「Watch」をクリックし、「Watching」を選択すると、そのリポジトリのWatch登録を行うことができます。

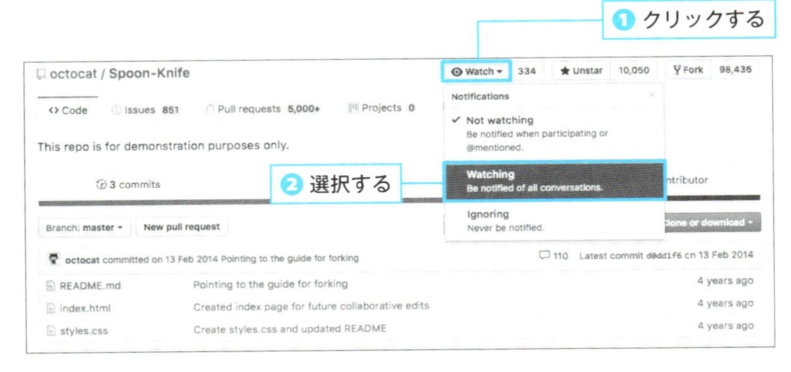

Web 通知の受信方法の設定を行う

1 「Settings」を選択する

Webページ右上のプロフィールアイコンを選択し、「Settings」を選択します。

2 「Notifications」を選択する

Webページ左側のメニューから「Notifications」を選択します。

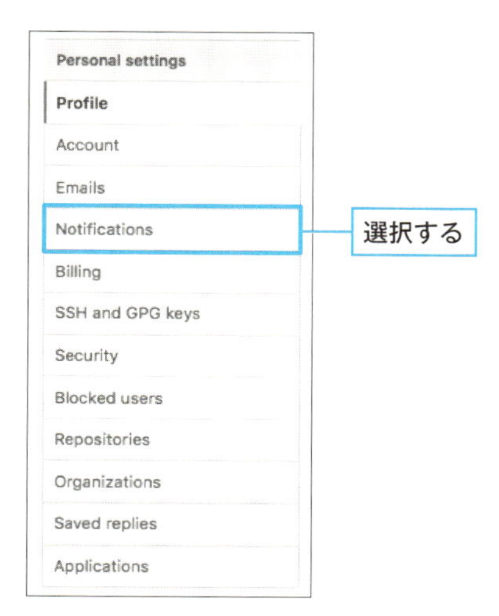

3 通知ごとに通知設定を行う

「Notifications」画面では、以下の表にある通知の設定が可能です。

Automatic watching	Automatically watch repositories	Push権限が与えられたリポジトリに対して自動的にWatchする
	Automatically watch teams	加えられたチーム内の更新を自動的にWatchする
Participating	自分が参加しているIssueやPull Requestに対してE-mail通知、Web通知を選択する	
Watching	自分がWatchしているものに対してE-mail通知、Web通知を選択する	
Vulnerability alerts	UI alerts	GitHubの脆弱性アラートの結果をリポジトリページ上で表示する
	Web	GitHubの脆弱性アラートの結果をNotificationsページに表示する
	Email each time a vulnerability is found	脆弱性が見つかるたびにメールを送信する
	Email a digest summary of vulnerabilities	脆弱性のサマリを受け取る頻度を設定する(毎日または毎週)

Notifications

Choose how you receive notifications. These notification settings apply to the things you're watching.

Automatic watching

When you're given push access to a repository, automatically receive notifications for it.

Automatically watch repositories

When you're added to or join a team, automatically receive notifications for that team's discussions.

Automatically watch teams

Participating

Notifications for the conversations you are participating in, or if someone cites you with an @mention.

Email Web

Watching

Notifications for all repositories, teams, or conversations you're watching.

Email Web

Vulnerability alerts

When you're given access to security vulnerability alerts, automatically receive notifications whenever there is a potential vulnerability detected in code.

UI alerts Web

Receive security alert notifications via email

Email each time a vulnerability is found

Email a digest summary of vulnerabilities

Weekly security email digest

リポジトリ更新の通知設定を行う

リポジトリをWatch登録することで、そのリポジトリに対する更新や議論などの通知を受け取ることができます。

リポジトリのWatch設定

指定したリポジトリのWatch登録を行うと、以下のような更新があった場合に通知するよう、Watch登録を設定することが可能です。

- 新しくIssueやPull Requestが作成された場合
- Open状態のIssueやPull Requestに新しいコメントが付いた場合
- Commitへのコメントが付いた場合

Web　リポジトリをWatch登録する

1 Watch登録したいページに移動する

Webページ上で、Watch登録したいリポジトリのページまで移動します。

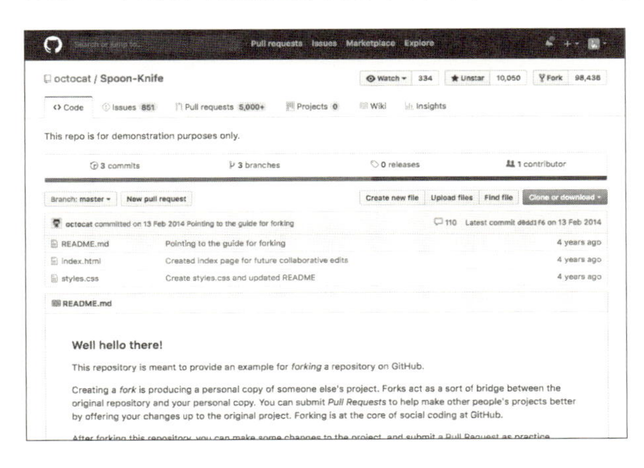

2 「Watching」を選択する

Webページ右上の「Watch」をクリックし、「Watching」を選択します。これでリポジトリがWatchしているものとして登録されます。

Web リポジトリを Watch 登録から外す

1 Watch登録を外したいページに移動する

Webページ上でWatch登録を外したいリポジトリのページまで移動します。

2 リポジトリのページの画面右上の「Unwatch」をクリックし、「Not watching」を選択します。これでリポジトリがWatchしているリストから削除されます。

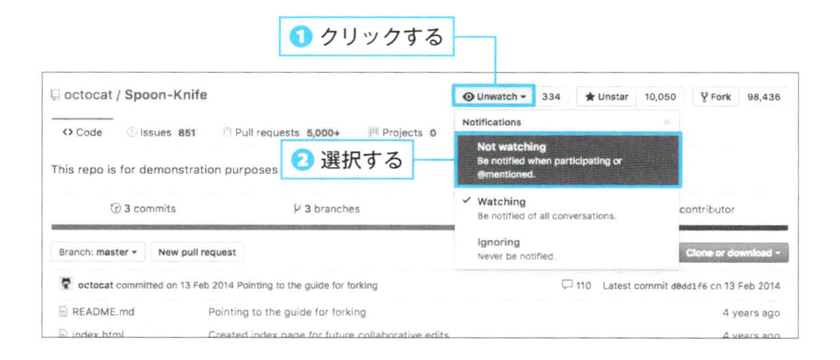

Issue・Pull Request単位で通知設定を行う

リポジトリをWatch登録だけでなく、気になるIssueやPull Request単位でも通知設定が可能です。

IssueやPull RequestのSubscribe（購読）

気になるリポジトリを見つけた後、バグ報告や今後の新しい変更を追っておきたいことがあります。

リポジトリごとにWatch設定を行うことも可能ですが、さらに細かくIssueやPull Request単位で通知の「Subscribe（購読）」を行うことで、IssueやPull Request単位での通知設定が可能になります。

リポジトリ単位でWatch登録を行った場合、新しいIssueやPull Requestが作成された際の通知など、自分が知る必要のない通知まで来てしまいます。特定のIssueやPull Requestだけを追いたい場合は、個別にSubscribeの設定を行ったほうがよいでしょう。

また、Subscribeによって設定された通知を解除することを「Unsubscribe（購読解除）」と言います。

Web　Issue・Pull RequestをSubscribeする

1 Subscribe設定対象のページに移動する

Subscribe設定を行って通知を受け取りたいIssueやPull Requestのページまで移動します。

2 「Subscribe」をクリックする

ページ右側のNotifications欄の「Subscribe」をクリックします。「Subscribe」をクリックすることで、選択したIssueやPull RequestのSubscribe状態となり、通知を受け取ることができます。

なお、リポジトリ自体を既にWatch登録している場合は、以下のように表示され、IssueやPull Requestも自動的にSubscribeと設定されています。

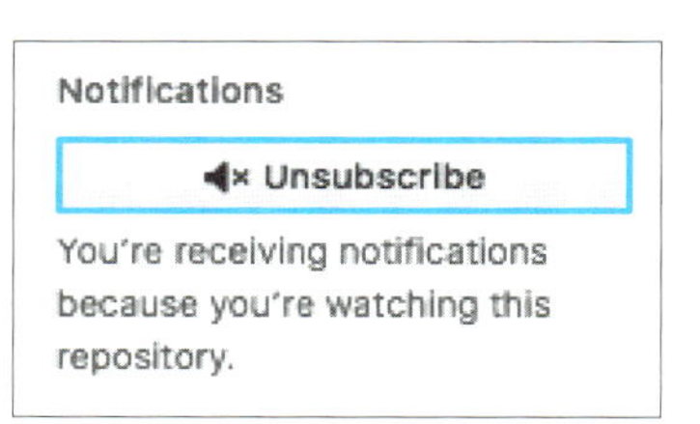

Web　Issue・Pull RequestをUnsubscribeする

1 Unsubscribe設定対象のページに移動する

通知設定を解除したいIssueやPull Requestのページまで移動します。

2 「Unsubscribe」をクリックする

Webページ右側のNotifications欄の「Unsubscribe」をクリックします。これによって、選択したIssueやPull RequestのSubscribe状態を解除できます。

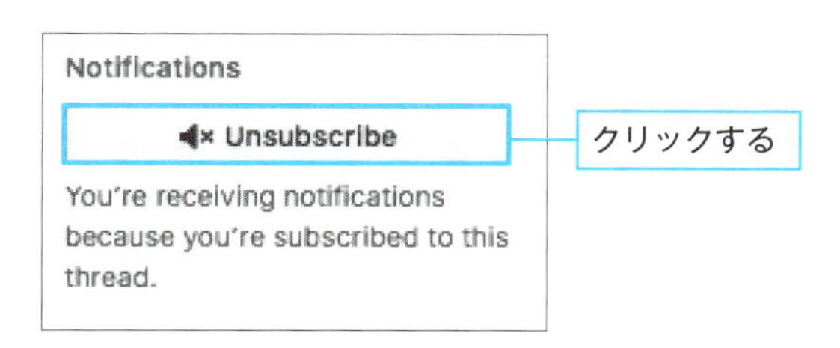

Slack にイベントを通知する

Slackとの連携を行うことで、指定したチャンネルでGitHubのイベント通知を受け取ることができます。

Slack とは

Slackは連携機能が高く、さまざまなサービスと連携できるチャットサービスです。2013年にリリースされた比較的新しいサービスですが、無料で利用できることから、ベンチャー企業やスモールチームを中心に利用が広がっています。

Slack へのイベント通知

GitHubでは、Webhookの仕組みなどを使用して、さまざまな外部サービスと連携を行うことができます。

GitHubと連携する外部アプリケーションについては、GitHub Marketplace(https://github.com/marketplace)から確認することができます。Slackでも連携できるサービスをApp Directory(https://slack.com/apps)というページで確認できます。よく使われる外部サービスの場合は、簡単に機能連携が行えるようになっています。Slack連携機能を活用することで、新しいPull Requestが作成された、Issueが作成されたなどのイベントをSlack上で通知を受けることができます。

Web GitHub の Slack 連携を追加する手順

指定したリポジトリの更新通知をSlack上で受け取る設定の手順を紹介します。なお、作業を行う前にはSlackにサインインしている必要があります。

1 作成済チームのページに移動する

Slack(https://slack.com/)のWebページの画面右上にある「ワークスペース」からGitHubの通知を設定したいチームに移動します。

2 連携アプリのページに移動する

左上のチーム名をクリックすると表示されるメニューから、「Administration」－「Manage apps」を選択します。

選択中のワークスペースに連携の設定がされているアプリケーション一覧が表示されます。

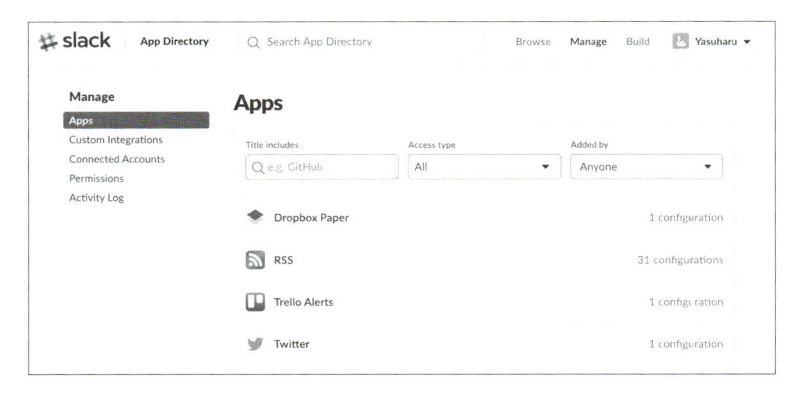

3 GitHubを検索する

中央の検索入力欄(Search App Directoryと表示されている)に「GitHub」と入力します。表示される候補からGitHubのアイコンを選択します。

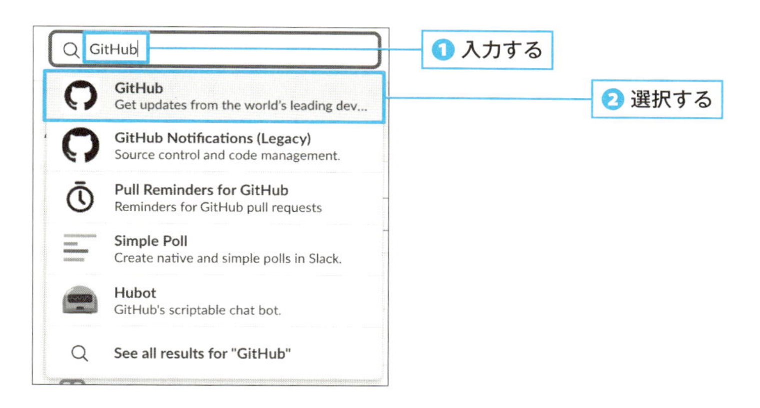

4 連携機能をインストールする

GitHubのアプリケーションページに移動します。画面左にある「Install」をクリックします。

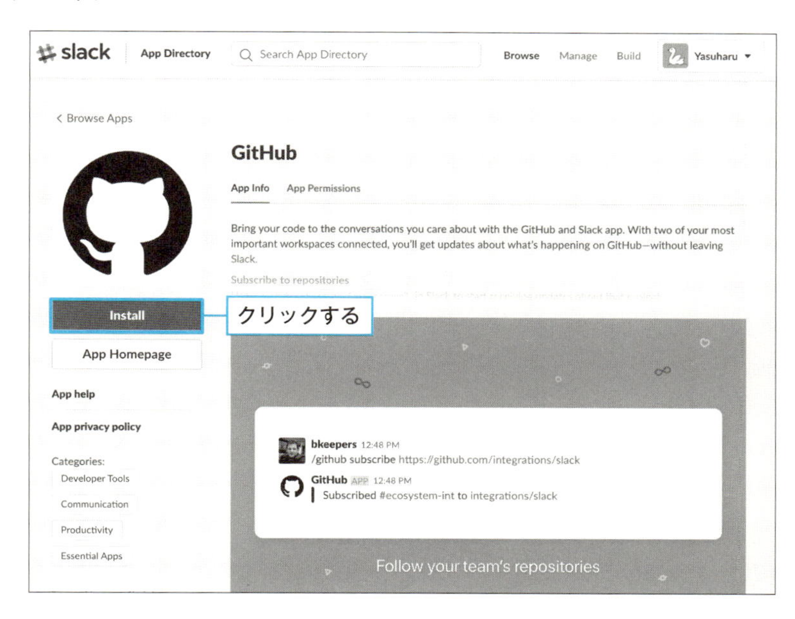

5 作業継続の確認

操作を続けてよいかの確認画面が表示されますので、「Continue」をクリックします。

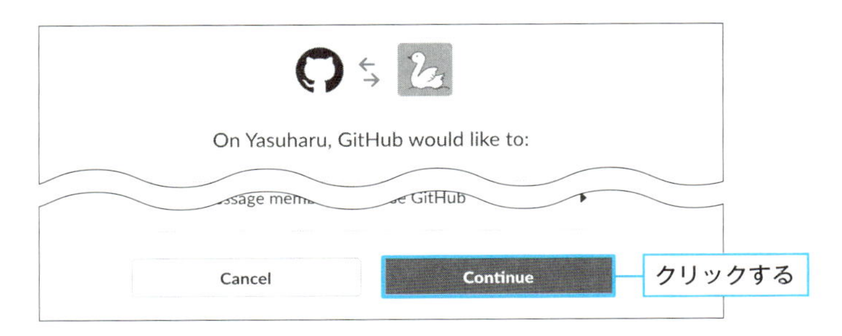

6 連携させるチャンネルの選択

GitHubアプリケーションを参加させるSlackチャンネルの設定画面になりますので、チャンネル設定を行います。GitHubアプリケーションをSlackの特定のチャンネルで使用する場合は、「Specific channels」を選択し、参加させるチャンネル名を入力します。

すべてのチャンネルで使用する場合は「All Public Channels」を選択し、「Install」をクリックします。

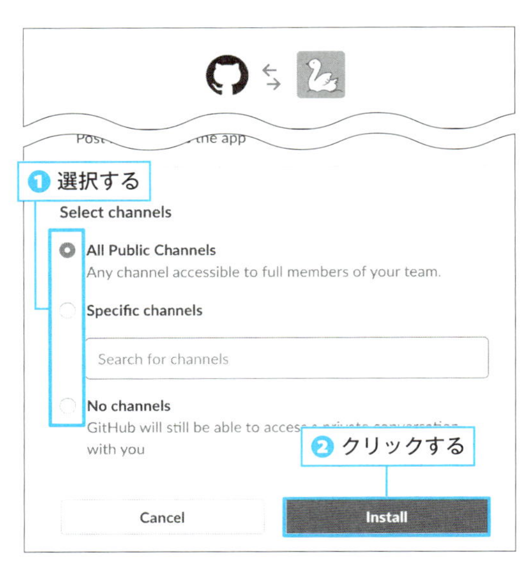

連携したSlackワークスペース上でGitHubとの連携に成功したメッセージが表示されれば連携成功です。

GitHub APP 6:59 PM
You've successfully installed GitHub on this Slack workspace
To subscribe a channel to a repository use the following slash command:
/github subscribe owner/repository

Looking for additional help? Try /github help

7 リポジトリの更新通知を受け取る

Slack上でGitHubリポジトリの更新通知を受け取りたい場合、Slack上の通知を受け取りたいチャンネルで、以下のように入力します。

```
/github subscribe リポジトリ名
```

例えば、yasuharu519/Sampleリポジトリの更新通知を受け取りたい場合は、Slack上のメッセージ入力欄に以下のように入力します。

\+ /github subscribe yasuharu519/Sample 

GitHubの更新通知を受け取る設定に成功した場合、以下のような表示になります。

yasuharu519 7:06 PM
/github subscribe yasuharu519/Sample

GitHub APP 7:06 PM
Subscribed #general to yasuharu519/Sample

Codecovでコードのカバレッジを確認する

カバレッジ管理サービスとの連携を行うことで、テストカバレッジの可視化が可能になります。

テストカバレッジとは

テストカバレッジとは、プログラムがどれぐらいテストされているかを測る指標のことで、リポジトリ内のテストコードがテスト内で実行しているプログラムの割合を示します。

このカバレッジが100%に近ければ近いほど、テストコード内でテスト対象のプログラムのコードを使用しており、十分にテストされていることを示します。

Codecov

Codecov(https://codecov.io/)はリポジトリ内のコードのカバレッジを計測・管理してくれるサイトです。

パブリックリポジトリにあるプログラムのカバレッジ管理は、無制限かつ無料で利用することができます。また、プライベートリポジトリについても1リポジトリまで無料で利用することができます。

codecov	41%

GitHubのリポジトリページで、上記のようなバッジアイコンが表示されているのを見たことがある人も多いと思います。このようなバッジアイコンをReadmeに配置しておくことで、初めてリポジトリのコードを使用する人がどのくらいのカバレッジがあるかすぐ確認できるようになっています。

そのため、カバレッジが高ければ高いほど、よくテストされていると判断されやすく、リポジトリのコードを使用するかどうかの判断材料として使われることもあります。

Codecovなどのカバレッジ管理サービスは、カバレッジ情報を管理してくれるだけですので、カバレッジ管理を自動化するためには別途CI(Continuous Integration)の設定などを行って、カバレッジレポートの送信をCIに組み込むようにしてください。

カバレッジ結果のバッジURL

カバレッジ結果の表示されたバッジについては、GitHub上のリポジトリについては以下のURLで参照できます。

https://codecov.io/gh/*リポジトリオーナー*/*リポジトリ名*/branch/*ブランチ名*/graph/badge.svg

Codecovが公開しているexample-goリポジトリのmasterブランチのカバレッジ結果のバッジを参照する場合は、以下のURLとなります。

```
https://codecov.io/gh/codecov/example-go/branch/master/graph/badge.svg
```


Web GitHubとCodecovの連携設定を行う

1 GitHub MarketplaceよりCodecovのページに移動する

https://github.com/marketplace/codecovに移動し、「Set up a free trial」をクリックします。

2 プランを選択する

プランの選択に移動します。無料の「Open Source」と月6ドルの「Umbrella」がありますが、ここでは「Open Source」を選択し、「Install it for free」をクリックします。

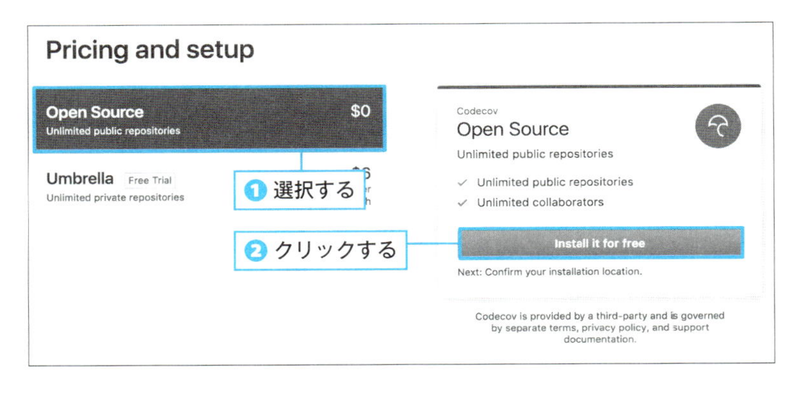

3 プランの最終確認

プランの確認画面になりますので、「Complete order and begin installation」をクリックします。

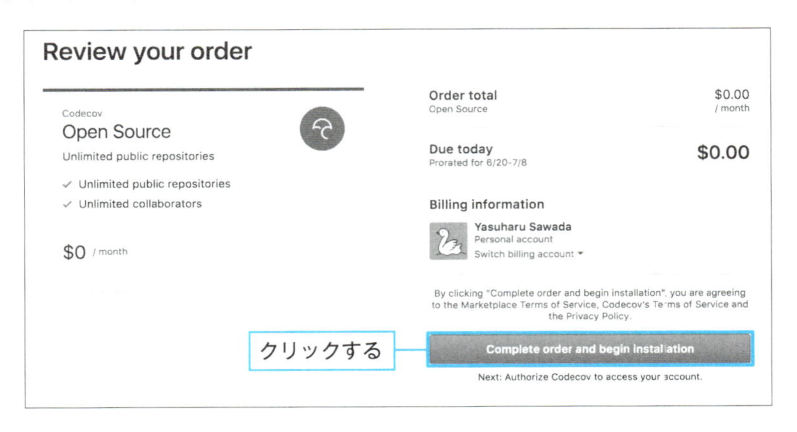

4 適用するリポジトリを選択する

すべてのリポジトリに適用する場合は「All repositories」、一部のリポジトリにのみ適用する場合は「Only select repositories」を選択し、適用するリポジトリを選びます。完了したら「Install」をクリックします。

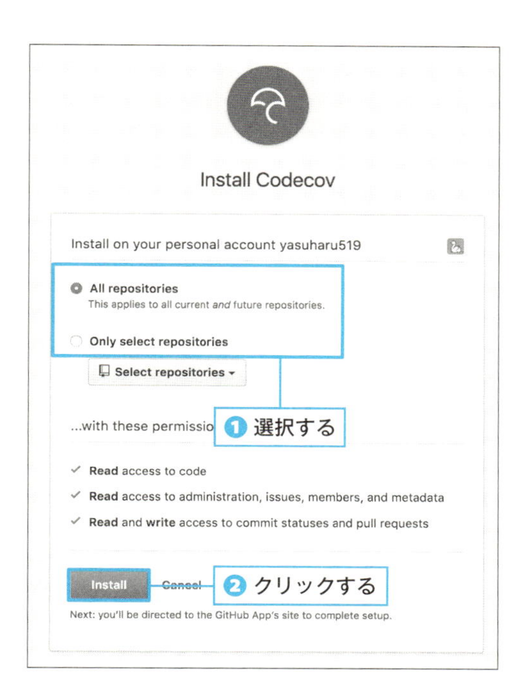

5 GitHubへのサインイン

CodecovのSign up画面になりますので、「Login with GitHub」をクリックします。パスワードの入力が促された場合は、GitHubのパスワードを入力してください。

外部サービス連携

6 GitHubのアクセス権を確認する

GitHubのアクセス権確認の画面になりますので、「Authorize codecov」をクリックします。

7 Codecovプロジェクトの選択

Codecovのプロジェクト選択の画面になりますので、「Add a repository」をクリックします。

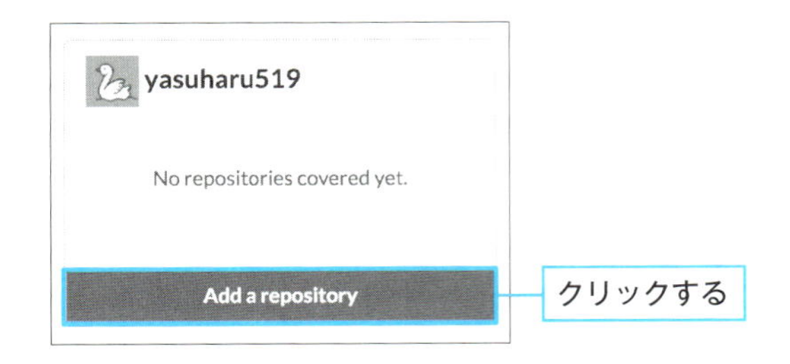

8 リポジトリを選択する

リポジトリ選択の画面になりますので、設定したいリポジトリをクリックします。

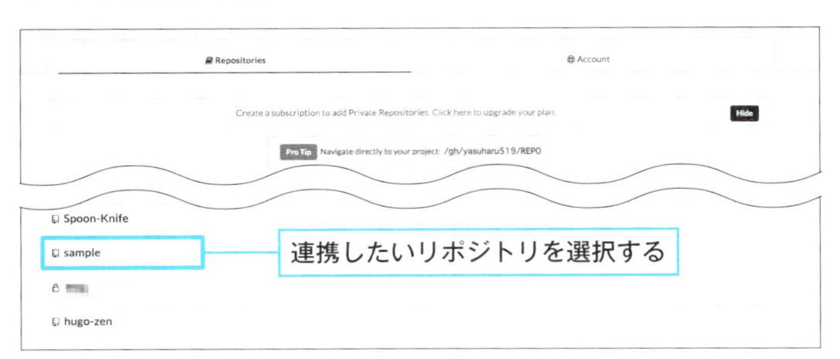

9 リポジトリの設定を行う

リポジトリの設定画面に移動しますので、環境ごとに個別の設定を行います。

Tokenをコピーしておき、各環境・カバレッジツールごとの設定を行います。「View example reposories」をクリックすると、各環境ごとのexampleの設定が入ったリポジトリを確認できますので、そちらを参考に設定を行いましょう。

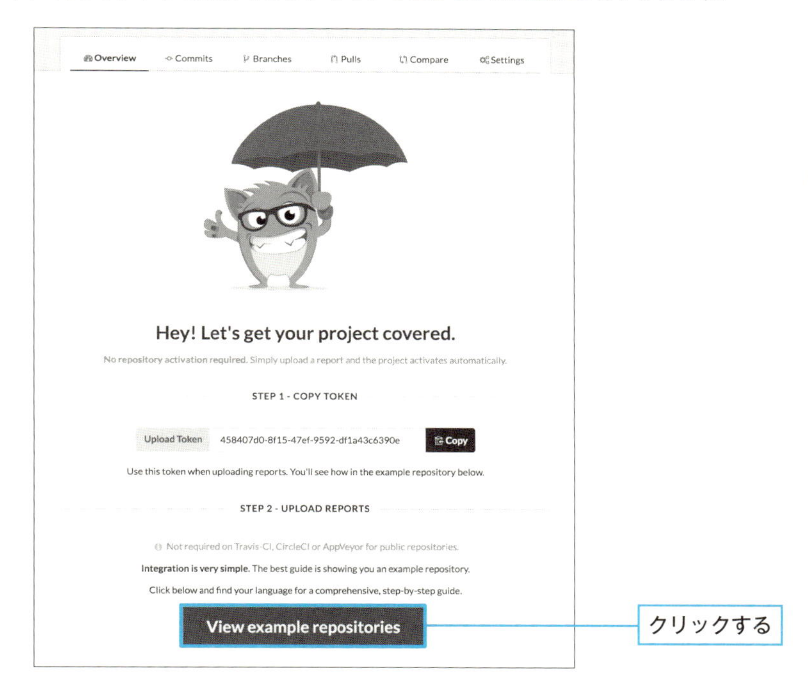

また、Codecovが公開しているexampleリポジトリの結果についても、以下のCodecov上のWebページで確認することができますので、まずこれらを見てCodecovの雰囲気を掴むとよいかもしれません。

- https://codecov.io/gh/codecov/example-go
- https://codecov.io/gh/codecov/example-python
- https://codecov.io/gh/codecov/example-java

CircleCIでビルドの自動化を行う

CIとの連携設定を行うことで、継続的なテストの実行などの設定ができます。

CIサービスとの連携

CI(Continuous Integration)は日本語で継続的インテグレーションの意味で、ビルド・テスト実行を自動的に継続的に行うことにより、エラーやバグの検知をすばやく行う手法のことです。CIを設定することで、Pull Request単位でビルドやテストを自動的に実行することが可能となります。

CIを導入すると、以下のような作業を継続的に行うことが可能になり、バグの混入などの問題を早期に発見できる仕組みを構築できます。

- コンパイルエラーのチェック
- 成果物のアップロード
- 自動的なテストの実行

GitHubと連携するCIとしてよく使われている主なサービスは以下のとおりです。

- Circle CI(https://circleci.com/)
- Travis CI(https://travis-ci.org/)
- AppVeyor(https://www.appveyor.com/)
- AWS CodeBuild(https://aws.amazon.com/jp/codebuild/)
- Google Cloud Cloud Build (https://cloud.google.com/cloud-build/)
- Bitrise(https://www.bitrise.io/)

Circle CIとは

ここでは、Circle CIとの連携方法を紹介します。Circle CIではビルド用コンテナが一つまで無料で使用でき、GitHubのプライベートリポジトリに対しても無料で使用できるという特徴があります。そのため、個人の方にもより利用されているサービスです。

Web GitHub と Circle CI との連携設定

1 Circle CIのWebページに移動する

Circle CIのWebページ(https://circleci.com/)に移動し、画面右上の「Sign Up」をクリックします。

2 GitHubにサインアップする

「Sign Up with GitHub」をクリックします。

3 CircleCIとの連携を設定する

すでにGitHubにログインしている場合は、連携設定の確認画面になります。「Authorize circleci」をクリックし、GitHubのパスワードを入力します。

なおGitHubにログインしていない場合は、ユーザーIDとパスワードを入力してください。

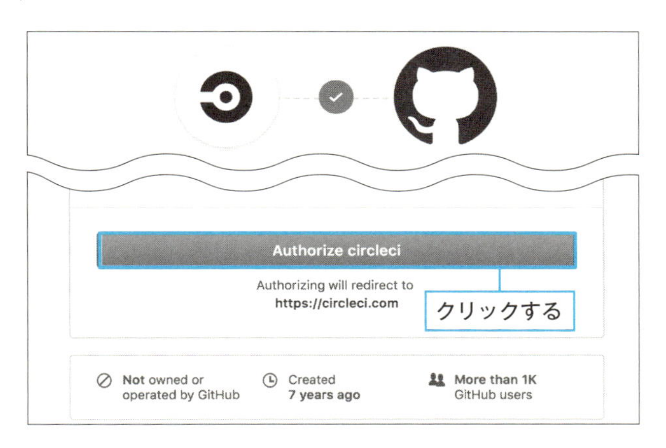

これでGitHubとCircle CIとの連携は完了します。ただし、Circle CI上で実行するコマンドの設定などは、GitHubで管理しているリポジトリ内に設定ファイルを配置する必要があります。

4 Circle CIの設定ファイルを作成する

CIを実行するリポジトリのルートディレクトリに.circleci/config.ymlファイルを作成します。例えば、Rubyの場合は以下のようになります。

```
version: 2
jobs:
  build:
    docker:
      - image: circleci/ruby:2.4.1
    steps:
      - checkout
      - run: echo "hello world"
```


run以降を変更することで、テストコマンドの実行などが可能です。ワークフローの設定なども可能です。詳細は以下のドキュメントを参照してください。

CircleCI 2.0 documentation
https://circleci.com/docs/2.0/

5 Circle CI上でプロジェクトを追加する

左側のメニューから「Add Projects」を選択し、Circle Ci上でビルドさせたいプロジェクトの横の「Set Up Project」をクリックします。

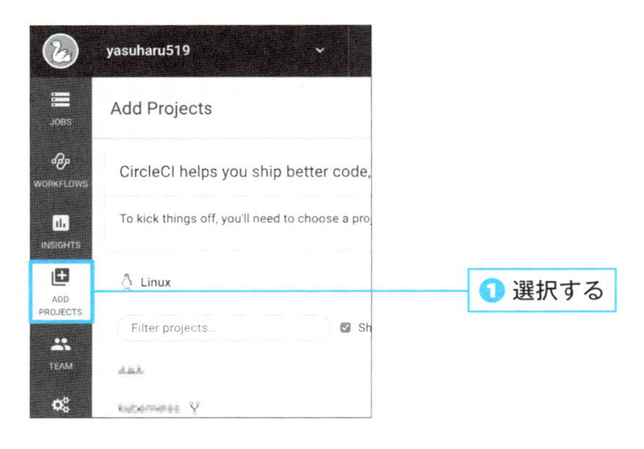

Add Projects

CircleCI helps you ship better code, faster. Let's add some projects on CircleCI.

To kick things off, you'll need to choose a project to build. We'll start a new build for you each time someone pushes a new commit.

Linux　macOS

Filter projects...　Show Forks　Unfollow all projects

sample　Set Up Project

❷ クリックする

6 ビルドを開始する

遷移したページの下に「Start building」がありますのでクリックします。これでリポジトリに配置した設定を元にビルドが開始されます。

以降は、リポジトリがアップデートされるたびにビルドが自動的に実行されるようになります。

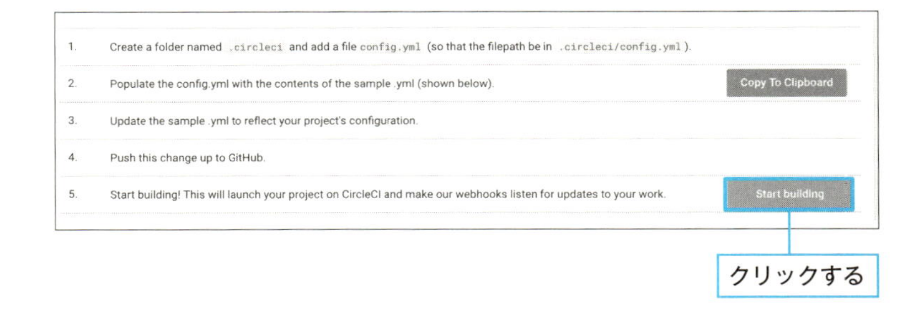

Code Climateでコードの複雑度を確認する

コードの品質チェックを行うサービスであるCode Climateと連携することで、コードの複雑度についての確認も自動化できます。

Code Climateとは

Code Climate(https://codeclimate.com/)は、コードの読みやすさや品質のスコアリングを行い、クオリティチェックを行うSaaS型のサービスです。

コードの品質について定量的に測り、モニタリングを行うことで客観的な視点から品質の確認を行うことができるようになります。

Code Climateには、以下の2つのプロダクトがあります。

- Velocity：生産性トラッキングサービス(ベータ版)
- Quality：コードの品質トラッキングサービス

Qualityがコードの品質チェックを行っているサービスで、パブリックリポジトリのみの場合無料で使用することができます。ここではQualityの使い方について紹介します。

Qualityが対応している言語は以下のとおりです。

- Ruby
- Python
- PHP
- JavaScript
- Java
- TypeScript
- Go
- Swift

Web Code Climateとの連携設計を行う

ここでは、GitHubで公開しているパブリックリポジトリにCode Climateとの連携設定を追加する手順について紹介します。

1 Code Climateのサイトへ移動する

Code ClimateのWebページ(https://codeclimate.com/)に移動し、右上にある「START FREE QUALITY TRIAL」をクリックします。

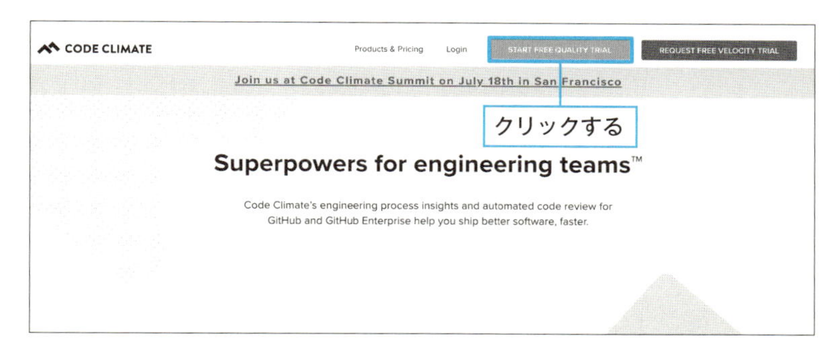

2 GitHubにサインアップする

GitHubとの連携画面になるので、「Authorize codeclimate」をクリックします。

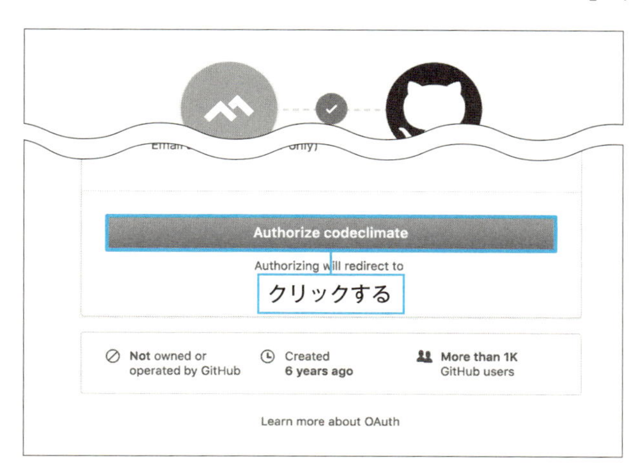

OAuthでの連携が完了すると、サインアップ完了後のウェルカムページに遷移しますので「Next」をクリックします。

3 料金プランを選択する

料金プランの画面になりますので、無料のOpen sourceプランを選択します。「Free for open source. Forever.」の下にある「Add a repository」をクリックします。

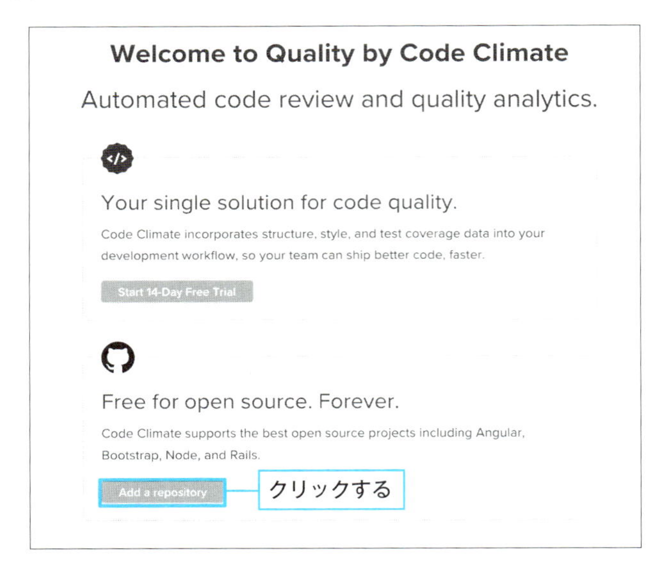

4 リポジトリの連携を追加する

連携しているリポジトリ一覧の画面となるので、「Add a repository」をクリックして連携するリポジトリを追加します。

5 GitHubとの連携を確認する

GitHubの権限設定の画面に移動します。権限を確認して「Authorize codeclimate」をクリックします

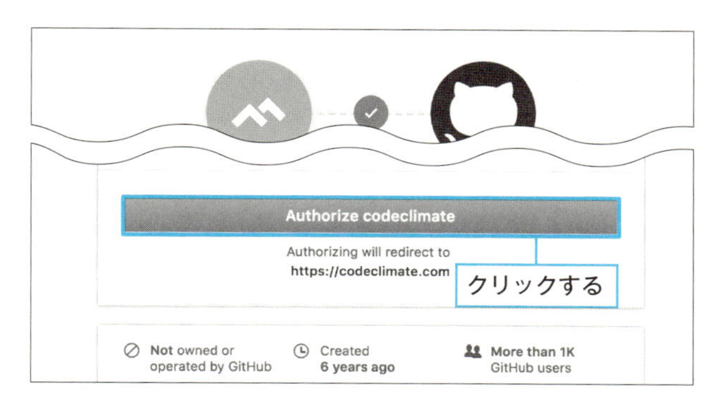

6 連携するリポジトリを選択する

無料プランを選択した場合は、パブリックリポジトリのみが表示されます。この中で連携したいリポジトリを選択し、「Add Repo」をクリックします。

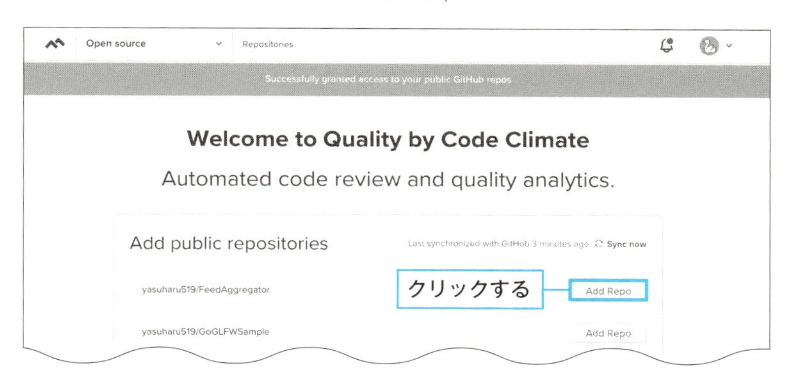

7 自動で解析が開始する

自動的に解析が開始します。解析が完了すると、以下のような表示となります。

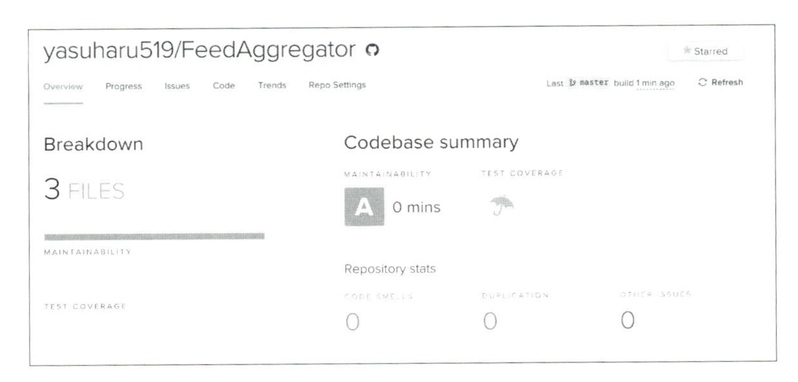

メンテナンスの容易さの指標となるMaintenabilityは、自動で解析されるようになっています。コードが長い関数や重複しているコードなどをチェックして、指標の算出を行ってくれます。

また、テストカバレッジについても設定可能です。詳しくはConfigureing Test Coverage(https://docs.codeclimate.com/docs/configuring-test-coverage)を参照してください。

Gist でコードスニペットを気軽に公開する

GitHubが提供しているGistというサービスを使うことで簡単にコードスニペットを共有できます。

Gist とは

GitHubでは、プロジェクト単位でGitリポジトリを管理するサービス以外に、コードスニペット(コード断片、コードの一部)や、1つのファイル単位でリポジトリ管理を行うGist(https://gist.github.com/)というサービスが存在します。Gistも GitHubと同様に、ForkやCloneなどの操作が可能です。

GistはGitHubのプロジェクトを作るほどではないコードの共有などで利用します。例えば、簡単なスクリプトや、一時的なイベントのためのドキュメント共有などの用途に向いています。

GistごとにユニークなURLが発行され、気軽に共有することもそのメリットの1つです。

Gist の種類

Gistの種類には、以下の2種類があります。

- Public gist
- Secret gist

以前はログインしなくても作成できるAnonymous gistもありましたが、すでに廃止されています。

Public gist

Public gistはGitHubと同じく、パブリックに公開されているリポジトリとして管理されます。また、検索結果にも表示される対象となっています。

なお、一度作成した後は、Secret gistへの変更はできません。

Secret gist

Secret gistの場合は検索対象とならず、作成できる数に制限がありません。なお、一度作成した後は、Public gistへの変更はできません。

GitHubアカウントによるアクセス制限の設定が行えないため、URLを知っている人はアクセスできる点に注意が必要です。そのため、URLを知った人は全員Secret gistを閲覧できることを念頭に置いてください。

Web Gistを作成する

GistでPublic gist、Secret gistを作成する手順について紹介します。

1 Gistのページに移動する

画面右上のプロフィールアイコンをクリックし、メニューの中から「Your gists」を選択します。もしくは、GitHubにログインした状態であれば、Gistのページに直接移動することができます。

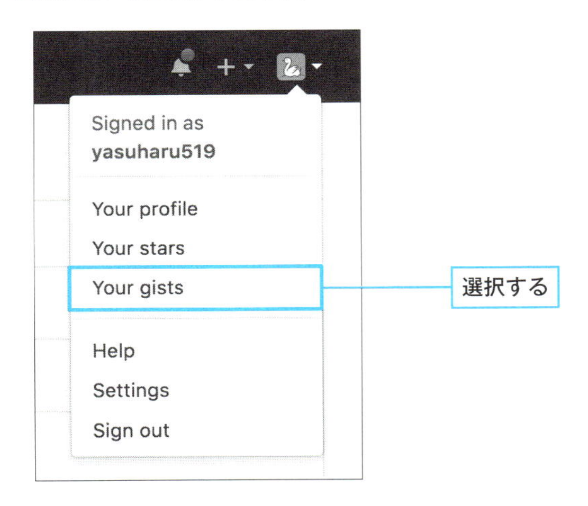

2 ファイル名やGistの説明を入力する

Gistのページで以下の項目を入力します。

- コードスニペットの簡単な説明(Gist description)
- ファイル名(Filename including extension)
- コードスニペットの内容

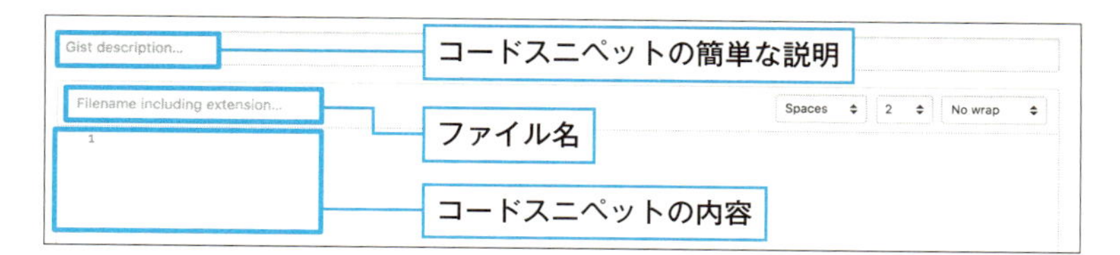

3 作成ボタンをクリックする

Public gistとして作成する場合は「Create public gist」、Secret gistとして作成する場合は「Create secret gist」をクリックします。

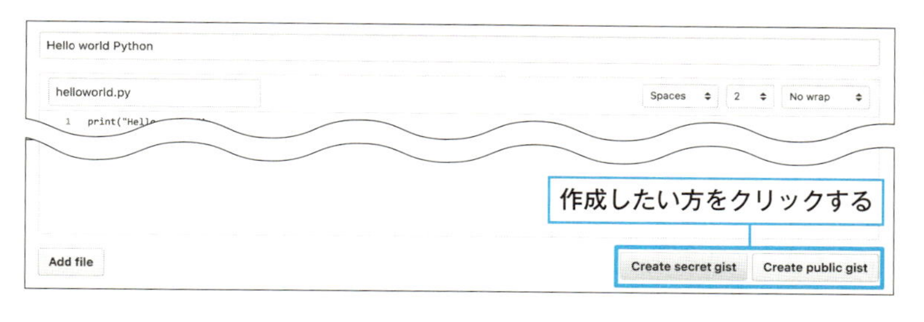

4 Gistのページが作成される

Gistのページ作成が完了します。作成されたGistには、https://gist.github.com/user/xxx2bxxxe86cxx7bexxxxxbe8ct8645のように、一意のURLが割り当てられます。

Secret gistとして作成した場合も、このURLを共有することで他のユーザーとGistを共有することが可能になります。

Git LFSでテキストファイル以外のもののバージョンを管理する

Gitは、その仕組み上テキストファイル以外のものをそのまま扱うのが苦手です。テキストファイル以外の大きなファイルを管理する場合は、Git LFSを利用しましょう。

Git LFSとは

Gitはテキストファイル以外のファイルの管理は苦手としています。画像ファイルやPDFファイルなど、容量が大きいファイルをリポジトリに追加すると、リポジトリサイズが増加したりgit cloneコマンドなどの操作が極端に重くなります。

また、GitHubでは大きすぎるファイルは管理できないように制限がかかっており、1ファイル辺りのファイルサイズの上限は100MBとなっています。100MB以上のファイルはGitHubへPushを行った際、エラーとなります。

Git LFS(Git Large File Storage)はGitの拡張機能で、ファイルサイズの大きな画像や動画ファイルのバージョン管理をGitで問題なく扱えるようにする機能です。

Git LFSでは、管理するファイルの実体は別の場所に保存し、Gitではその参照先だけを管理することでGit上の問題を回避する仕組みになっています。Git LFSを使用すると、100MBというファイルサイズの制限が関係なく使用できます。

Git LFSは2015年10月よりサービスとして正式に提供され、必要なパッケージのインストール・設定を行うことで、GitHub上でもGit LFSを利用できるようになります。

料金と制限について

無料アカウント、有料アカウントに関わらず、Git LFSを利用できますが、GitHubの料金体系とは異なります。合計1GBまでの保存領域と、1ヵ月あたり1GBまでの転送量が可能となっています。

これを追加する場合は、データパックを購入することで可能になります。データパックは1パックあたり月5ドルで、50GBの保存領域と、50GBの帯域を追加することができます。

コマンド Git LFSのインストール（macOSの場合）

1 Git LFSパッケージをダウンロードする

Git LFSのページ(https://git-lfs.github.com/)にアクセスし、「Download v2.x.x(Mac)」をクリックしてインストーラを取得します。

Homebrewを使用している場合は、以下のコマンドでもインストールが可能です。

```
$ brew install git-lfs
```

2 ファイルを解凍してインストーラを実行する

ダウンロードしたファイルを解凍すると、git-lfs-2.x.xフォルダができます。このフォルダまでカレントディレクトリを移動し、コマンドを実行します。

解凍したディレクトリが~/Download/git-lfs-2.4.2であった場合は、以下のように実行します。

```
$ cd ~/Download/git-lfs-2.4.2
$ ./install.sh
```

3 インストールを確認する

コマンドラインを開いて、Git LFSが正しくインストールできているか確認します。「git lfs initialized」というメッセージが表示されればインストールは無事完了です。

```
$ git lfs install
Git LFS initialized
```

コマンド Git LFSのインストール（Windowsの場合）

1 Git LFSパッケージをダウンロードする

Git LFSのページ(https://git-lfs.github.com/)にアクセスし、「Download v2.x.x(Windows)」をクリックしてインストーラを取得します。

2 ファイルを解凍してインストーラを実行する

ダウンロードしたファイルには、git-lfs-windows-2.x.x.exeという名前が付いています。このファイルをダブルクリックすると、インストールが開始します。

3 ライセンスを確認する

ユーザーアカウント制御の画面が出た場合は、「はい」をクリックしてください。

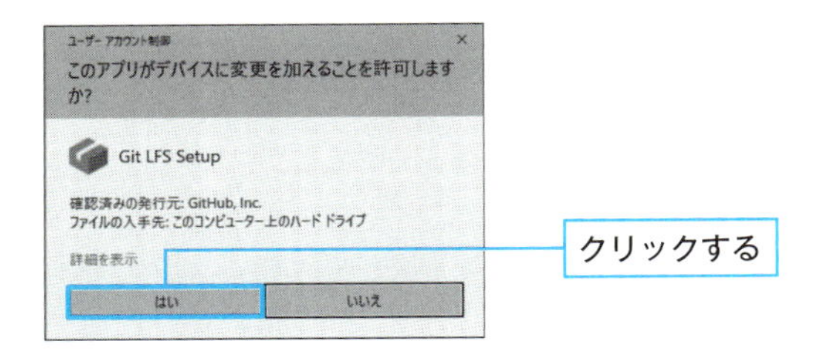

ライセンス確認画面では、「I accept the agreeement」を選択し、「Next >」をクリックします。

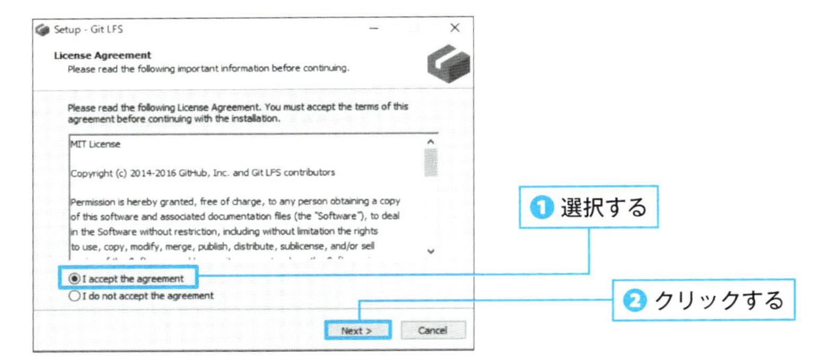

4 インストール場所を選択する

インストールするフォルダを聞かれますが、そのまま「Next >」をクリックし、最後に)「Finish」をクリックし、インストールは完了です。

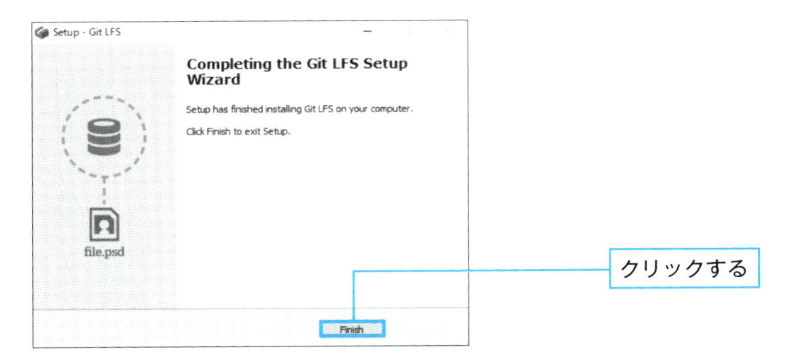

5 インストールが行われているか確認する

Git Bashなどgitコマンドを使用しているコマンドラインを開き、以下のコマンドを実行します。

```
$ git lfs install
Git LFS initialized.
```

「Git LFS initialized」という文字が表示されればインストール完了です。

コマンド Git LFS でファイルを追加する

ここでは、Git LFSを使用してsample.pdfというPDFファイルを追加する手順を紹介します。

1 コマンドラインでGitリポジトリに移動する

コマンドラインを開いて、Git LFSを使用したいローカルのGitリポジトリまで移動します。

```
$ cd Documents/samrepo
```

2 Git LFSで管理するファイルの形式を設定する

Git LFSでは、ファイル名のパターンを指定することでGit LFSで管理するファイルを指定します。例えばPDFファイルを管理する場合は、以下のように実行します。

```
$ git lfs track "*.pdf"
Tracking *.pdf
```

コマンドを実行すると、.gitattributesというファイルが生成されます。このファイルには管理ファイルの内容が保存されますので、忘れずにGitで管理するようにしてください。

3 git addコマンドを実行する

git addコマンドを実行して変更内容をインデックスに登録します。

```
$ git add .gitattributes
$ git add sample.pdf
```

4 git commitコマンド、git pushコマンドを実行する

通常のファイル追加と同様に、git commitコマンドでCommitし、git pushコマンドでリモートブランチに反映させます。

```
$ git commit -m "Added sample.pdf"
$ git push origin master
```

Git LFSを使用した場合、以下のようにファイルアップロードのメッセージが表示されます。

```
Uploading LFS objects: 100% (1/1), 105 MB | 5.1 MB/s, done
Counting objects: 4, done.
```

GitHub上で追加したファイルのページに移動すると、「Stored with Git LFS」という表示があり、Git LFS管理のファイルであることがわかります。

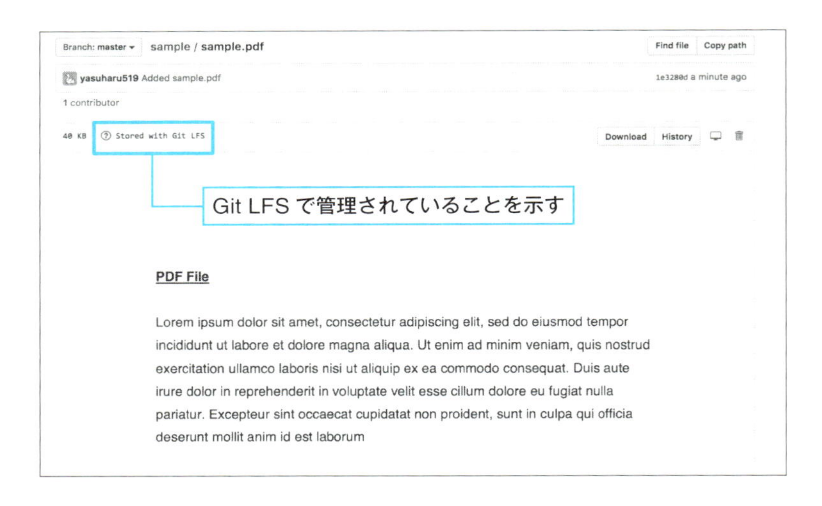

GitHub Pagesを使って Webサイトを公開する

GitHub Pagesを使用すると、リポジトリごとの静的なWebページを作成して公開することができます。

GitHub Pages

GitHub Pagesは、WebサイトのためのファイルをGitHub上のファイルと同様の要領で管理し、Webサイトとして公開できる機能です。GitHub Pagesで使用できるのはあくまで静的なページのみです。PHPやRuby、Pythonなどを使用した動的なページは使用できません。

GitHub Pagesには以下の2種類のページがあります。

- Project Pages
- User and Organization Pages

Project Pages

Project Pagesは、GitHubリポジトリごとに作成できるGitHub Pagesです。管理しているリポジトリごとに作成可能です。

例えば、以下のような形でWebページとして公開するように設定可能です。

- masterブランチのWebページコンテンツ
- gh-pagesブランチのWebページコンテンツ
- masterブランチのdocs/ディレクトリ以下のWebページコンテンツ

設定後は、以下のようなURLでアクセスが可能になります。

```
https://ユーザー名.github.io/プロジェクト名
```

User and Organization Pages

User and Organization Pagesは、masterブランチのみが公開用に使用可能です。「ユーザー名.github.io」という名前でGitHubリポジトリを作成し、そのmasterブランチの内容をWebページとして公開できます。

設定後は、以下のようなURLでアクセスが可能になります。

```
https://ユーザー名.github.io/
```

GitHub Pagesの制限事項

GitHub Pagesには以下の制限事項があります。

- リポジトリサイズ上限が1GB
- 1月あたりの帯域幅が100GB
- 1時間あたりのビルド回数が10回

これらの上限を超えた場合は、GitHubから変更や更新などを促すメールが届きます。

Web Project Pagesの作成

ここでは、sampleという名前のリポジトリにGitHub Pagesを設定する手順を紹介します。gh-pagesというブランチを作成してそのWebコンテンツを公開する手順について紹介します。

1 GitHub Pagesを設定するリポジトリに移動する

GitHub Pagesを設定したいリポジトリのページまで移動します。

2 gh-pagesブランチを作成する

gh-pagesブランチを作成します。

「Branch:master」をクリックし、文字入力欄に「gh-pages」を入力して「Create branch: gh-pages」をクリックします。

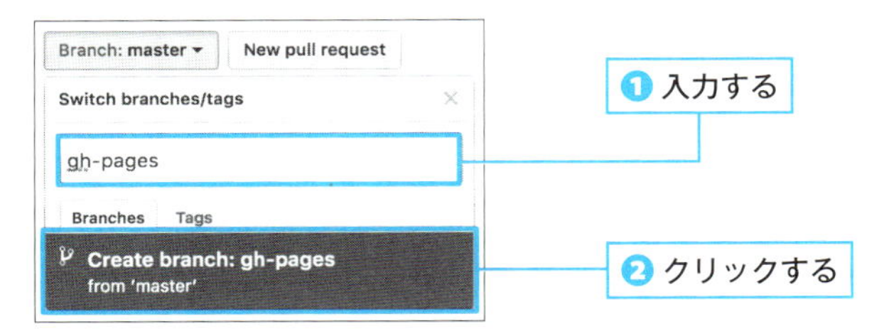

作成後は、「Branch:gh-pages」と表示が変わったことを確認してください。

3 index.html を作成する

表示用のWebページとしてindex.htmlを作成します。「Create new file」を選択すると、ファイル作成画面に遷移します。

リポジトリ名のあとにある入力欄に「index.html」と入力し、以下のような簡単なHTMLを記述します。

```
<html>
  <body>
    <h1>Hello world</h1>
   </body>
</html>
```

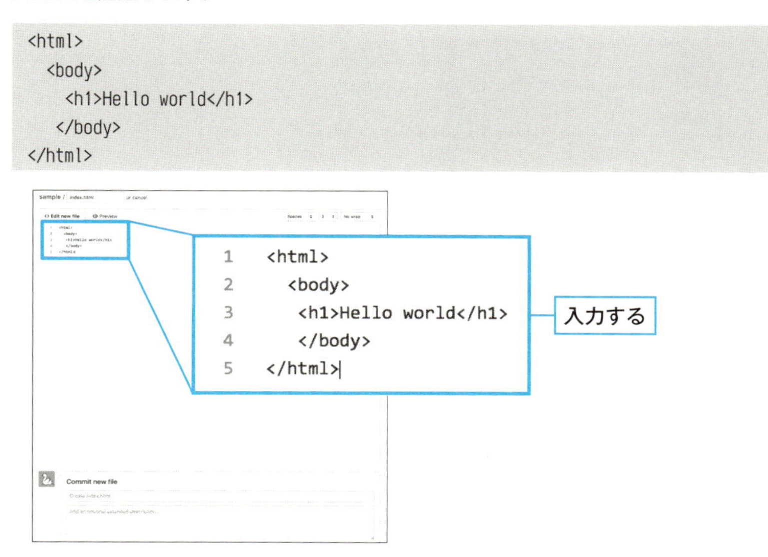

入力が完了したら、ページ下の「Commit new file」をクリックします。

4 設定を確認する

Webページ表示用のファイルを作成したら「Settings」を選択します。

gh-pagesのブランチを作成した場合、ページ下にあるGitHub Pagesの項目に以下のような表示があります。これで自動でGitHub Pagesが公開設定されていることになります。

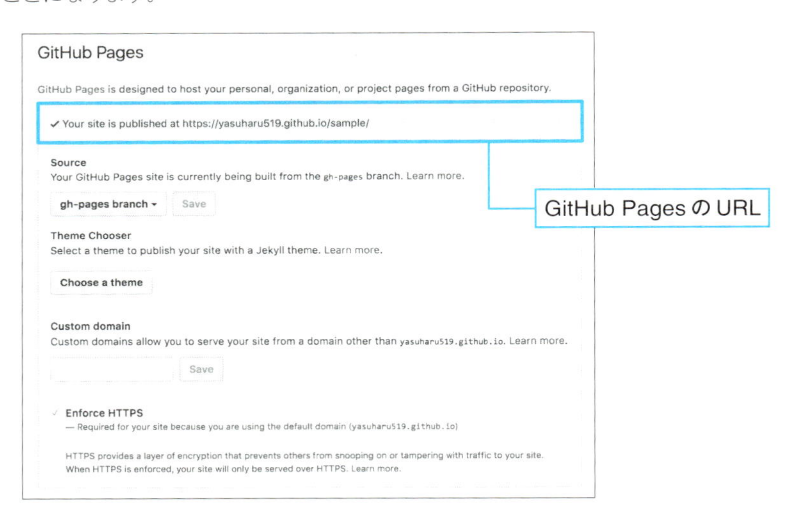

5 Webページを確認する

ブラウザに以下のURLを入力してアクセスすると、③で作成したindex.htmlが確認できます。

```
https://yasuharu519.github.io/sample/
```

また、GitHub Pagesの公開設定を変更する場合は、「gh-pages branch」と表示されているボタンをクリックし、以下のうちどちらかを選択して「Save」をクリックします。

- master branch（masterブランチのファイルを公開する設定）
- master branch /docs folder（master ブランチの docs ディレクトリ以下のファイルを公開する設定）

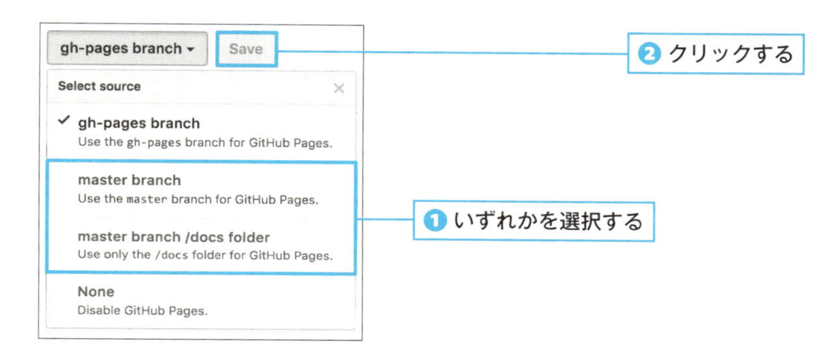

Web User and Organization Pagesの作成

User and Organization Pagesの作成手順を紹介します。User and Organization Pagesの場合は、masterブランチのみGitHub Pagesとして使用可能です。

1 リポジトリ作成画面に移動する

GitHub画面に移動し、画面右上にある「+」をクリックし、「New repository」を選択します。

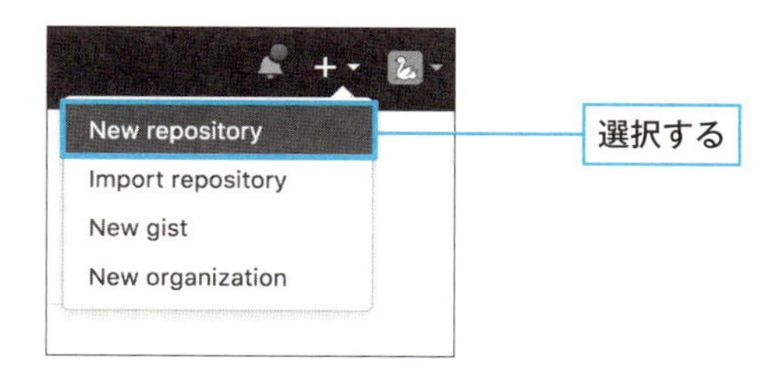

2 ユーザー名.github.ioというリポジトリを作成する

リポジトリを作成します。例えば、「yasuharu519」というユーザーの場合は、「yasuharu519.github.io」と入力します。入力後は「Create repository」をクリックします。

作成後、リポジトリページに遷移します。

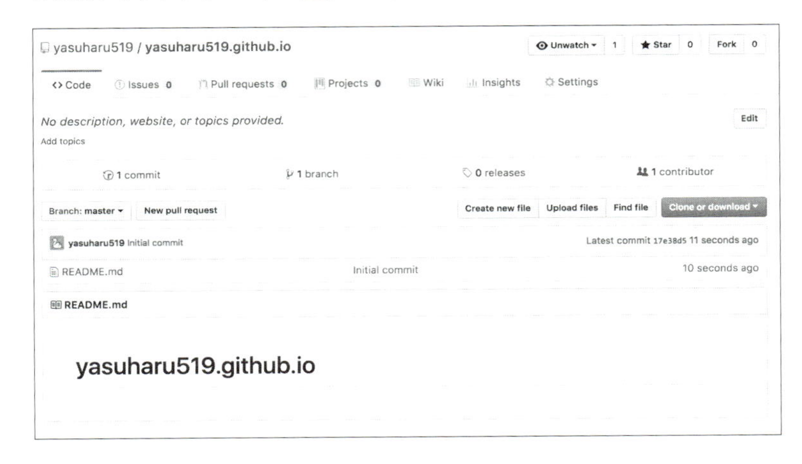

3 index.htmlを作成する

表示用のWebページとしてindex.htmlを作成します。「Create new file」を選択すると、ファイル作成画面に遷移します。

リポジトリ名のあとにある入力欄に「index.html」と入力し、以下のような簡単なHTMLを記述します。

```
<html>
  <body>
    <h1>Hello world</h1>
  </body>
</html>
```

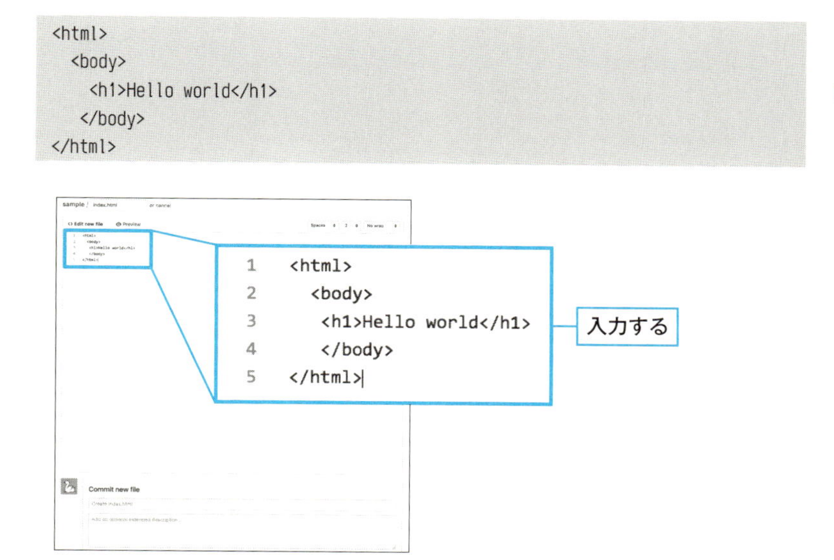

4 設定を確認する

Webページ表示用のファイルを作成したら「Settings」を選択します。

GitHub Pagesの項目に現在の設定が表示されています。

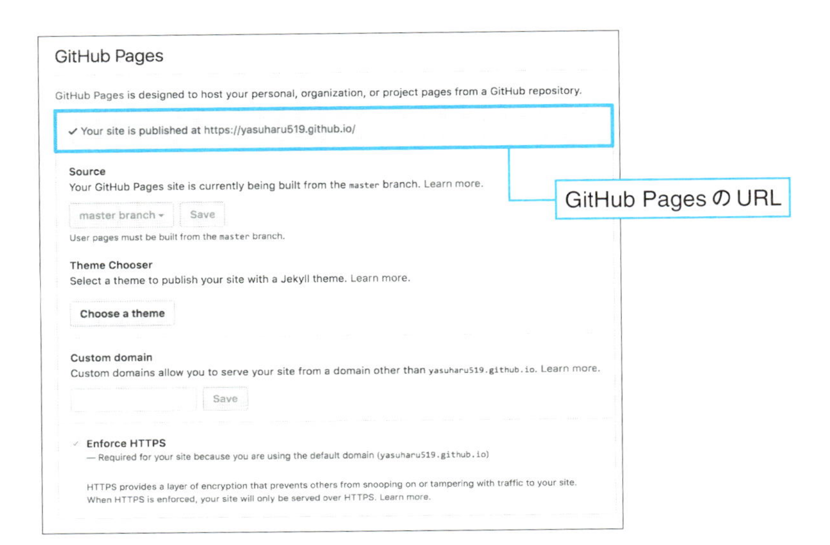

5 Webページを確認する

ブラウザに以下のURLを入力してアクセスすると、③で作成したindex.htmlが確認できます。

```
https://yasuharu519.github.io/
```

Wikiを使用してプロジェクト管理を行う

GitHubでは、リポジトリごとにWiki機能を使えるようになっており、必要なドキュメントなどはこのWikiで管理できます。

GitHub wikiとは

GitHubではREADMEファイルを作成するとリポジトリのトップページで表示されますが、複数ページにまたがるようなドキュメントの共有には向いていません。

プロダクトの使い方やプロダクトのデザイン方針など、分量の多いドキュメントの管理にはGitHubのWiki機能を使うとよいでしょう。

GitHub wikiではREADMEファイルなどと同様に、以下のマークアップ言語が使用でき、フォーマットは下に示した拡張子によって判断されます。

マークアップ言語	拡張子
Markdown形式	.mdown、.mkdn、.md
Textile形式	.textile
RDoc形式	.rdoc
Org形式	.org
creole形式	.creole
MediaWiki形式	.mediawiki、.wiki
reStructuredtext形式	.rst
AsciiDoc形式	.asciidoc、.adoc、.asc
Plain Old Documentaion形式	.pod

Web　初めてのWikiページを作成する

GitHub wikiの機能を使って、Wikiページを作成する手順を紹介します。

1 Wikiページを作成したいリポジトリに移動する

Wikiページを作成したいリポジトリのページに移動します。

2 Wikiページに移動する

画面上部にある「Wiki」を選択すると、プロジェクトのWikiページに遷移します。

3 Wikiページを作成する

まだWikiページを作成していない場合は、以下の画面が表示されますので、「Create the first page」をクリックして最初のWikiページを作成します。

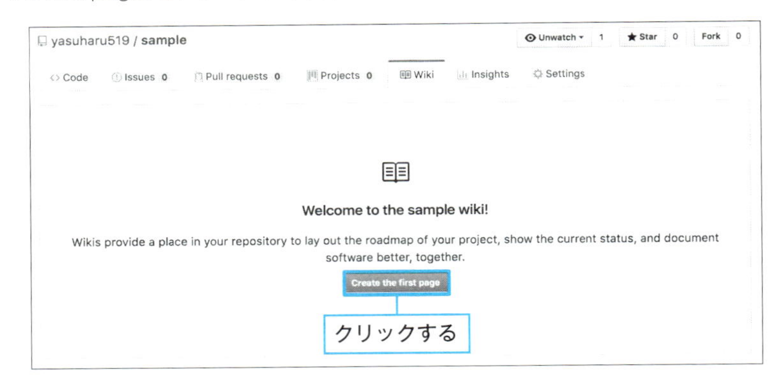

4 Wikiページの内容を入力する

Wikiページ作成画面になりますので、ページの内容を入力します。ページの内容を埋めたあと、Edit Messageに変更の要約を入力します。

このWikiも変更管理が行われており、Edit Messageの内容が変更履歴を見る際の変更に対応するメッセージとなります。

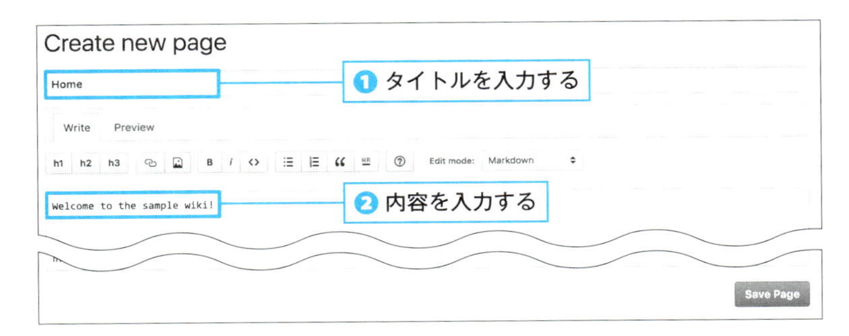

「Edit mode」をクリックすると、選択できるテキストフォーマット一覧が表示され、テキストフォーマットを変更することができます。

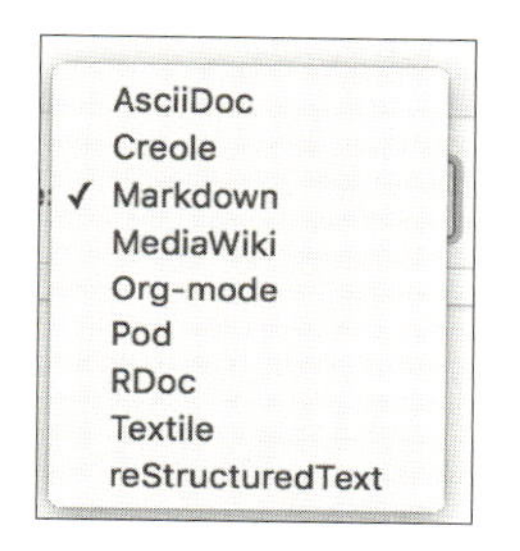

5 Wikiページを保存する

Wikiの内容を設定した後、「Save Pages」をクリックするとページが作成されます。

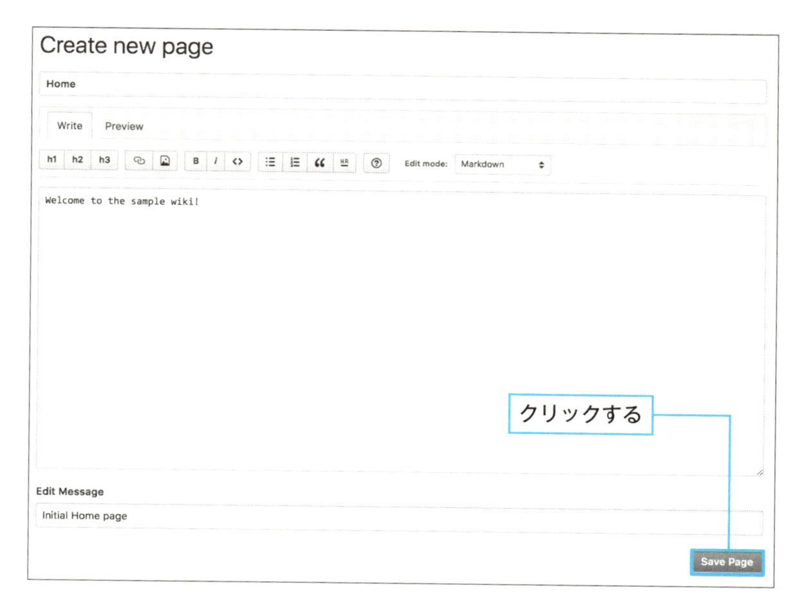

Web Wiki機能を使わないようにする

Wiki機能はリポジトリの作成後、デフォルトで使用可能になっていますが、使用しないようにすることもできます。また、Wiki機能を使っていて、使用しない設定に変更してもWikiの内容は消去されません。再び使用可能に設定した際は元の状態に戻ります。

1 Wikiページを作成したいリポジトリに移動する

Wikiページを作成したいリポジトリのページに移動します。

2 設定を変更する

「Settings」を選択します。

Featuresの項目にあるWikisのチェックボックスを外します。

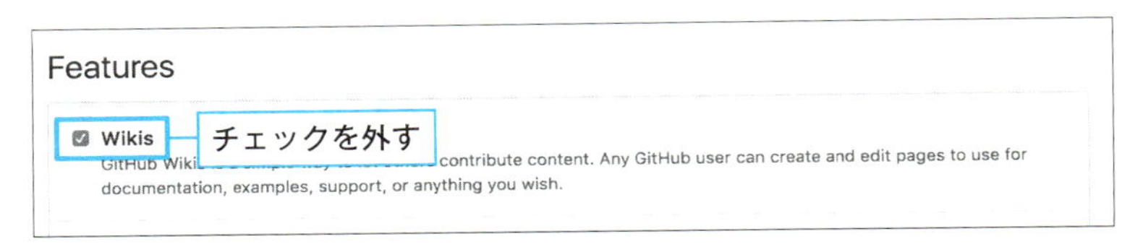

チェックボックスを外すと、タブからWikiの項目が消えてWiki機能が使用できなくなります。

Web Wikiページの編集可能権限を変更する

Wiki機能についてはリポジトリ作成後、デフォルトでリポジトリのオーナーとCollaboratorのみ編集可能な状態になっています。これをGitHubアカウントを持つ他のユーザーが編集できるように編集権限を修正することができます。

1 Wikiページを作成したいリポジトリに移動する

Wikiページを作成したいリポジトリのページに移動します。

2 設定を変更する

「Settings」を選択します。

Featuresの項目にある「Restrict editing to collaborators only」のチェックボックスを外します。

チェックボックスを外すと、GitHubアカウントを持つすべてのユーザーにWikiの編集権限が与えられます。

リポジトリの状態を確認する

「Insights」からリポジトリの更新アクティビティなど、リポジトリの情報を視覚的に確認することができます。

Insights タブ

Insightsタブではリポジトリの更新アクティビティの頻度やアクセストラフィック、リポジトリのコントリビュータが誰なのかなど、リポジトリに関係する情報をグラフで確認することができます。

OSSのプロダクトを確認する際も、そのリポジトリが今もアクティブに更新されているかどうかなど、Insights内のグラフで確認することができます。

Insightsのタブでは、以下に挙げる情報を確認することができます。

項目	説明
Pulse	指定期間内のアクティビティ情報
Contributors	コードを書いたユーザー
Traffic	訪問者数・Cloneされた回数などの情報
Commits	Commit数の推移・統計情報
Code frequency	コードの追加・削除の推移
Dependency graph	パッケージ依存情報
Network	Commitグラフ
Forks	リポジトリをForkしたリポジトリ一覧

Pulse

Pulseでは、指定したリポジトリ内における以下のような活動の概観を表示します。

- Pull Requestがいくつ作成され、Mergeされたのか
- Issueがいくつ作成され、クローズされたのか
- デフォルトブランチに対してのCommitの数のランキング

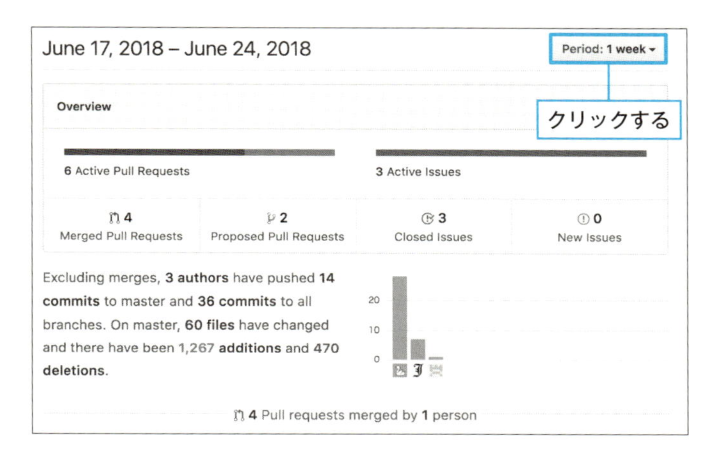

「Period:1 week」をクリックすると、期間を変更することができます。

Contributors

Contributorsでは、リポジトリにCommitしたコントリビュータ情報を一覧で確認することができます。

各コントリビュータごとのCommit数や活動が多かった日付などをグラフで確認することができます。デフォルトではCommit数順にソートされており、Contributionsのボタンをクリックすることで、ソート順を変更できます。

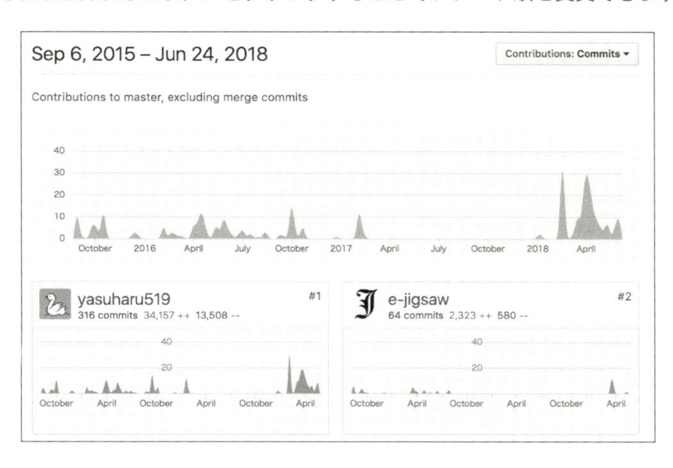

Traffic

Trafficでは、GitのClone回数やリポジトリのView回数など、ユーザーのアクセス情報を確認できます。

Trafficのグラフは自分がコントリビュータなどで関わっているリポジトリしか見ることができないようになっています。

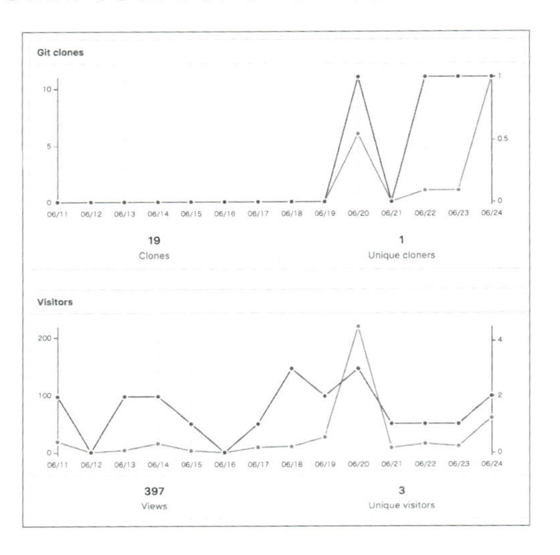

Commits

Commitsでは、週ごとのCommit数のグラフを確認することができます。

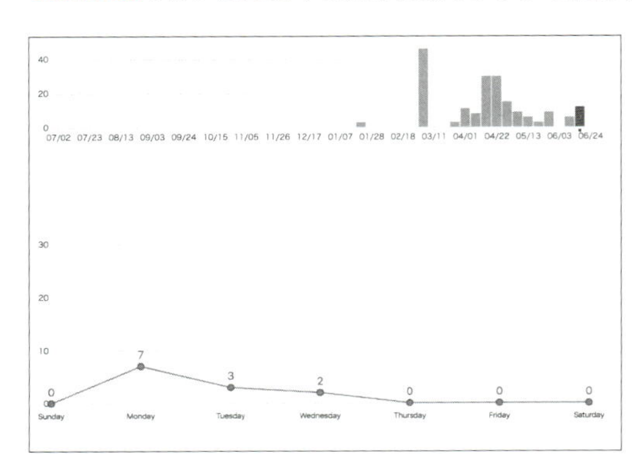

Code frequency

Code frequencyでは、週ごとのコードの追加/削除行数をグラフで見ることができます。

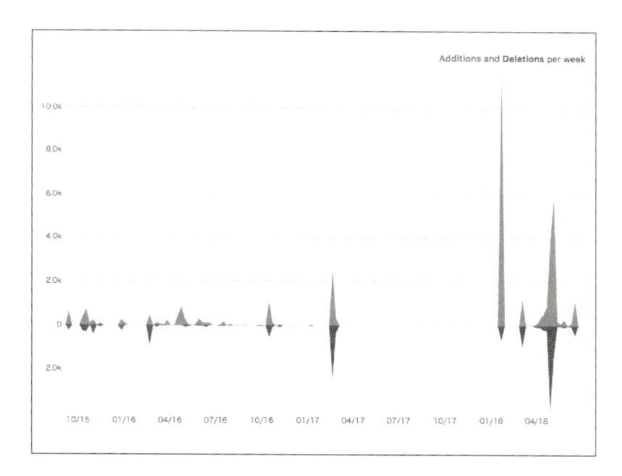

Dependency graph

Dependency graphでは、リポジトリが依存しているパッケージ一覧を確認できます。現在はRubyとJavascriptのリポジトリのみ対応しており、Gemfileかpackage.jsonの情報を確認して表示するようになっています。

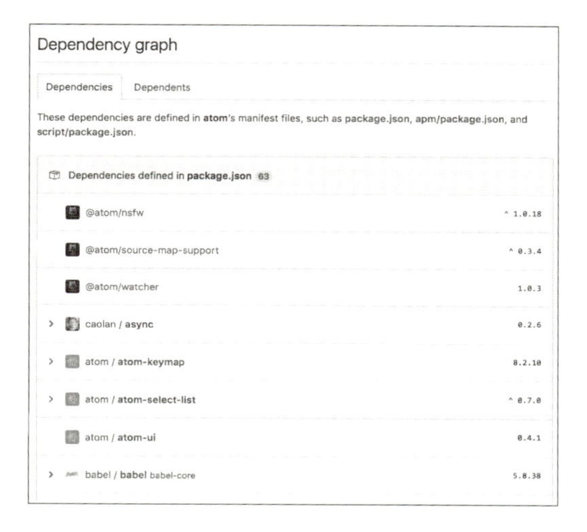

Network

Networkでは、GitのCommitやブランチなどの情報を視覚的に確認することができます。

各Commitが点で表示されており、クリックすることで各Commitのページに遷移することができます。

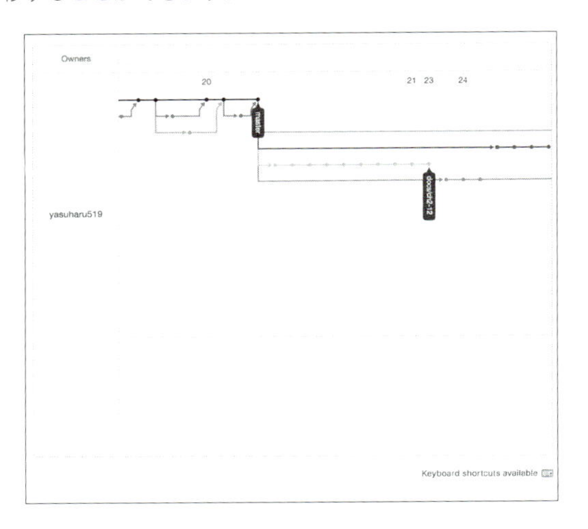

Forks

Forksでは、リポジトリをForkしてできたリポジトリ一覧を確認することができます。

Web リポジトリのInsightsを確認する

1 Insightsページを確認したいリポジトリに移動する

Insights情報を確認したいリポジトリページに移動します。

2 情報を確認する

「Insights」を選択し、ページ左側に表示されるメニューから確認したい情報を選択します。

索引

H~O

P~S

T~W

あ行

か行

さ行

た行

な行

は行

ま行

ら行

わ行

著者略歴

澤田 泰治（さわだ やすはる）

2014年京都大学大学院情報学研究科修了。在学中、産学連携の研究開発メンバーとして次世代ネットワーク研究開発に従事する。卒業後はサイバーエージェントに入社し、モバイルアプリエンジニアとして新規ゲーム開発に携わる。2015年12月に退職後、株式会社FOLIOを共同創業。株式会社FOLIOではSite Reliability Engineer（SRE）としてチームを率いる。

小林 貴也（こばやし たかや）

2012年福井工業高等専門学校電子情報工学科卒業、2014年京都工芸繊維大学情報工学課程卒業。新卒で株式会社サイバーエージェントに入社。スタートアップへの転職を経て2018年からフリーランスとして多数の企業に参画中。GitHubの登録は2011年。

URL：https://kbys.tk/y

■お問い合わせについて

●ご質問は本書に記載されている内容に関するものに限定させていただきます。本書の内容と関係のないご質問には一切お答えできませんので、あらかじめご了承ください。

●電話でのご質問は一切受け付けておりませんので、FAXまたは書面にて下記までお送りください。また、ご質問の際には書名の該当ページ、返信先を明記してくださいますようお願いいたします。

●宛先
〒162-0846
東京都新宿区市谷左内町21-13
株式会社技術評論社 第1編集部
GitHubポケットリファレンス
FAX：03-3513-6167

●技術評論社ホームページ
https://book.gihyo.jp/

送りいただいたご質問には、できる限り迅速にお答えできるよう努力いたしておりますが、お答えするまでに時間がかかる場合がございます。また、回答の期日をご指定いただいた場合でも、ご希望にお答えできるとは限りませんので、あらかじめご了承ください。

●カバーデザイン
株式会社 志岐デザイン事務所
●カバーイラスト
榊原唯幸
●本文デザイン
技術評論社制作部
● DTP
技術評論社制作部、STUDIO CARROT
●編集
春原正彦

GitHub（ギットハブ）ポケットリファレンス

2018年10月6日 初 版 第1刷発行

著 者 澤田（さわだ） 泰治（やすはる）、小林（こばやし） 貴也（たかや）
発行者 片岡 巌
発行所 株式会社技術評論社
東京都新宿区市谷左内町21-13
電話 03-3513-6150 販売促進部
03-3513-6160 書籍編集部
印刷・製本 日経印刷株式会社

ISBN978-4-297-10005-6 C3055
Printed in Japan